建筑设计中的工程应用

周小燕　徐雅丽　崔秀丽 ◎ 著

吉林出版集团股份有限公司

图书在版编目（CIP）数据

建筑设计中的工程应用 / 周小燕，徐雅丽，崔秀丽
著. — 长春：吉林出版集团股份有限公司，2024.6
ISBN 978-7-5731-5088-2

Ⅰ．①建… Ⅱ．①周… ②徐… ③崔… Ⅲ．①土木工
程－建筑设计－计算机辅助设计－应用软件 Ⅳ.
①TU201.4

中国国家版本馆CIP数据核字（2024）第 110339 号

建筑设计中的工程应用

JIANZHU SHEJI ZHONG DE GONGCHENG YINGYONG

著　　者	周小燕　徐雅丽　崔秀丽	
责任编辑	曲珊珊　张继玲	
封面设计	林　吉	
开　　本	710mm×1000mm　　1/16	
字　　数	178 千	
印　　张	18.75	
版　　次	2024 年 6 月第 1 版	
印　　次	2024 年 6 月第 1 次印刷	
出版发行	吉林出版集团股份有限公司	
电　　话	总编办：010-63109269	
	发行部：010-63109269	
印　　刷	廊坊市广阳区九洲印刷厂	

ISBN 978-7-5731-5088-2　　　　　　　　　　　　　　定价：78.00 元

前　言

　　在当今时代，建筑设计与工程应用之间的融合已成为推动建筑行业持续创新发展的关键因素。建筑设计不仅仅是美学和艺术的体现，更是科学技术与工程实践相结合的产物。工程应用则是建筑设计得以实现的桥梁，它将设计理念转化为实际的建筑物，为人们提供安全、舒适、美观的居住和工作空间。

　　在建筑设计过程中，工程应用扮演着至关重要的角色。首先，工程应用能够确保建筑设计的可行性和安全性。通过对结构、材料、施工等方面的深入分析和计算，工程应用能够评估设计的合理性和稳定性，提出改进和优化建议，确保建筑在使用过程中的安全性。其次，工程应用能够提升建筑设计的品质和性能。通过采用先进的施工技术和材料，工程应用能够实现建筑设计的各项功能要求，提高建筑的舒适度、美观度和耐用性。此外，工程应用还能够推动建筑设计的创新和发展。通过不断地探索新的技术、材料和施工方法，工程应用能够为建筑设计提供更多的可能性，推动建筑行业不断向前发展。

建筑设计中的工程应用，是一个综合性的过程，它要求设计师和工程师紧密合作，共同解决建筑设计与施工中的各种问题。在这个过程中，设计师需要充分考虑建筑的功能需求、美学要求以及环境适应性，而工程师则需要根据设计师的意图，选择合适的工程技术和材料，确保建筑的安全性和稳定性。同时，工程应用还需要考虑建筑的经济性、可持续性和施工效率等因素，以实现建筑的综合效益最大化。

建筑设计中的工程应用是一个充满挑战和机遇的领域。我们需要不断学习和创新，提高工程应用的能力和水平，为建筑行业的可持续发展贡献智慧和力量。同时，我们也期待更多的专业人士和学者加入这个领域的研究和实践中来，共同推动建筑设计中的工程应用迈向新的高度。

由于笔者水平有限，本书难免存在不妥甚至谬误之处，敬请广大学界同人与读者朋友批评指正。

周小燕　徐雅丽　崔秀丽

2024 年 1 月

目　录

第一章 现代建筑设计概述

第一节 建筑设计的历史演变

一、国外建筑设计的历史演变

（一）可持续发展建筑设计

当今社会"人口爆炸"，许多社会服务设施越来越难以满足人们的需求，尤其突出地表现在人类的居住环境上。可持续发展要求给人们提供安全、舒适、适用、经济的建筑，这是旧有建筑无法满足的。在这种时代背景和社会要求下，产生了新型建筑的构想。由于建筑工业的不断壮大，可持续的设计理念引起了设计者们的广泛重视。

1. 可持续建筑的概念

可持续建筑是指以可持续发展观规划和设计的建筑，内容包括城市选址、建筑材料、建筑设备以及与它们相关的建筑功能、建筑经济、建筑文化和生态环境等因素。建筑设计可持续发展的最终目标是在社会得到发展、人们的物质文化生活水平得到普遍提高的同时，科学有效地利用资源、保护环境，实现社会与自然的和谐发展。可持续建筑主张在设计时统筹考虑以下几个方面：与自然环境共生、建筑节能及环境技术的应用、循环再生型的建筑、舒适健康的室内环境、融入历史与地域特色的人文环境等。

2. 可持续发展建筑设计的原则与技巧

可持续发展追求的是人、场地、自然的和谐共处，其核心思想是关注各种经济活动的生态合理性。注重可持续发展的建筑设计，应做好以下几个方面：

第一，重视对设计地段的地方性、地域性理解，延续地方场所的文化脉络。我们设计时应考虑南北不同、东西差异，根据地域的气候、文化及风俗习惯不同而做出相应的建筑作品。

第二，增强适用技术的公众意识。结合建筑功能要求，采用简单合适的技术，充分利用地方及自然材料，如有些地方的石材丰富，可用来作为建筑的墙体，甚至屋顶。

第三，保持建筑材料蕴藏能量和循环使用的意识。在最大范围内使用可再生的地方性建筑材料，避免使用高能量、破坏环境、产生废物以及带有放射性的建筑材料，争取重新利用旧的建筑材料和构件。

第四，针对当地的气候条件，利用被动式能源策略，尽量应用可再生能源。根据地方不同，考虑建筑的朝向，北向尽量利用太阳能取暖，南向则采用自然通风、采光。合理布置建筑空间，以便适宜当地的气候条件。

第五，完善建筑空间使用的灵活性，以便减小建筑体量，将建设所需的资源降至最小。减少建造过程中对环境的损害，避免破坏环境、资源浪费以及建材浪费。可持续建筑设计主要包括合理开发和利用土地、建筑平面设计、建筑外部环境设计、建筑内部功能设计。

第六，合理开发和利用土地。建筑设计对于土地开发和利用的原则，是在建筑节地与土地资源利用上，强调土地的集约化利用，充分利用周边的配套建筑设施，合理规划用地；强调能在不增用或少增用土地的前提下，高效利用土地，开发利用地下空间。

第七，建筑平面设计。合理的朝向设计能使建筑从阳光中获取大量的能量，住宅往往需要平行布置，并且朝向南面，同时彼此之间要留出足够的间距保证冬季获得充足的日照。建筑物的形状以正方形最有利，细长形的建筑因外墙面积大，能源消耗大。建筑能耗的大小与建筑的体形系数成正比，体形系数越大，单位建筑空间的散热面积越大，能耗就越高。

第八，建筑外部环境设计。建筑本身应与环境协调，适应地方生态而又不破坏地方生态。包括建筑应与地形地貌相结合，达到建筑与环境共生，减少对环境的破坏；注重新材料、新工艺、新技术的应用，采用更有利于环境的加工技术和设备；注重建筑节能，推广使用高效绝热节能材料，提高建筑热环境性能；充分利用气候资源；节约用水，可在建筑内设置废水处理设施和净化循环系统，使生活污水多次利用，用于景观水体、绿化浇灌、清洗冲厕等；通过绿化建筑来净化空气、减少噪声，维护生态平衡，可利用屋面、墙面、窗台、阳台等处种植花草，使建筑群成为城市立体绿化园林的主体；保持建筑材料循环使用的意识，在最大范围内使用可再生的地方性建筑材料，争取重新利用旧的建筑材料和构件。

第九，建筑内部功能设计。建筑内部功能设计应是一个可持续发展的动态设计过程，是通过建筑的可变性，使其达到较长时间的适应性，充分发挥实体材料的寿命。包括强调整体设计的意识，即重全局、轻细节的设计思路；结构方面采用新技术，如大跨度预应力叠合楼板、无梁楼板等，以较少的承重体系支撑起最大的空间，为其可变性提供前提条件；建筑体形应力求简洁，减小建筑体量，门窗位置应尽可能满足多种室内布置的需求，为内部的改进创造条件；管道井、楼梯、卫生间等不可变部分可作为一单元集中布置，加大可变部分的面积和灵活度，适应建筑的发展，并且凭借评定的结果来进行判断建筑是否可持续建筑。

3. 可持续发展建筑的四原则理论

国外对建筑业可持续发展理论的研究始于20世纪90年代。最初对建筑理论的讨论主要集中在建筑设计方面，如绿色建筑概念、生态建筑概念。经过几十年的发展，建筑业可持续发展的概念已经从建筑设计延伸到了整个建筑物生命周期，包括规划、设计、材料选择、建造、运行等整个过程的考虑。欧洲的可持续建筑设计水平居于世界领先地位，这不仅得益于国家强制性法规的日益严格与完善，针对可持续技术的专门研究机构研究成果日益成熟，建筑行业高度产业化的支持，同时也是教育科研机构非常重视和支持可持续发展，加上许多非营利的民间组织积极向公众普及和推广环保节能概念的成果。对于可持续建筑来说，世界经济合作与发展组织（OECD，Organization for Economic Cooperation and Development）对于可持续建筑相应地给出了一个评定因素以及四个原则：第一，是对于资源的应用效率原则。第二，是对于能源的有效使用原则。第三，对于室内的空气质量以及二氧化碳的排放量的防治原则。第四，与环境和谐相处的原则。其实，评定因素就是针对这四个原则的内容来进行评判的，并且凭借评定结果来判断建筑是不是可持续建筑。可持续建筑的总的设计原则是：增强使用技术的公众意识，结合要求，采用简单合适的技术；树立建筑材料蕴藏能量和循环使用的意识，避免使用高蕴能量、破坏环境、产生废物以及带有放射性的建筑材料、构件；完善建筑空间使用的灵活性，以便减少建筑体量，将建设所需的资源降至最少；减少建造过程中对环境的破坏，避免破坏环境及浪费建材。

4. 典型案例

（1）德国的海德瑙

德国的可持续建筑委员会第一座认证的可持续建筑是德国的海德瑙。这座可持续建筑将弯曲的外形和周围的建筑以及外部环境充分地结合在一起。建筑设计很好地和现有的城市背景融为一体。从规划之初，就充分地考虑到可持续的因素。热量舒适度、声响舒适度、视觉舒适度、用户舒适度均是设计中考虑的要素。建筑的东部不仅是开放式的，而且也相对比较宽大，其弯曲的玻璃立面也就形成了和户外相互隔绝的空间，但是在视觉上依然与室内的空间交相辉映。认证的标准包括生态质量、经济质量、社会文化和功能质量、技术质量、工序质量以及位置质量等。建筑以两大功能区分隔，南边是接待区或"公共空间"，用来欢迎来客并引导他们经过两层高的大厅。底层是会议室，上层是一个展厅。"内部功能"则主要体现在北边，那里有分隔的办公室、复印室和一个宽大的办公区。

（2）英国曼彻斯特天使一号广场

位于英国曼彻斯特的天使一号广场是英国高品集团的新总部大楼，于 2012 年建成，可容纳 3 万多平方米的高质量办公空间。据了解，这座大楼的能源来自低碳的热电联产系统，由本地"高品农场"生产的油菜籽作为生物燃料，为热电联合发电站供能，剩余的庄稼外壳会回收成为农场动物们的"盘中餐"。多余的能量则会供应给电网，或是应用在其他的 NOMA(Non-orthogonal Multiple Access）开发项目（由高品集团发起的英国最大的地区改造项目）中。剩余废弃的能量则会输送给一台吸收式制冷机，用来给建筑物制冷。这座大楼合并了废水回收和雨水收集系统，确保了楼宇的低水耗。大楼还采用低能耗的

LED 照明，尽量采用自然光照，所以距离窗户 7 米之内是不设置办公桌的。这里还配有电动汽车的充电站，使其更能满足未来楼宇居民的出行需求。

（二）以人为本建筑设计

随着社会的进步，建筑的设计主体越来越朝着以人为本的方向发展。在科学技术不断发展的今天，人们热衷于追求更高的生活品质，需求也在不断提高，十分喜爱绿色生态平衡、舒适健康并存的居住环境。人们已经不满足于简单的居住要求，间隔多样化、户型多样化、良好的绿化环境、和谐的社区氛围已成为越来越多人的追求。建筑设计必须更新设计理念，从住宅户型、景观设计、交通体系、设施系统诸方面为民众创造一个休闲、精致、优雅的家园，达到提高人们生活质量的目的。

1. 以人为本建筑设计特征

以人为本的建筑设计即人性化的设计特征：一是充分满足人们生活方式的多样性，使建筑空间多元化。二是强调人与生态自然的和谐。三是尊重人与人的交往，增强邻里居住文化建设。这三点均是以人为出发点，重视协调人与人之间、人与自然之间、人与建筑之间的关系。以人为本的建筑设计原则，满足"人"在物质方面与精神层面的正当需求，我们亦应根据建筑的主题、意境、特色进行植物配置，协调建筑和周围环境，在建筑的设计过程中，将以人为本的设计理念作为核心，充分利用自然资源，使用高效的节能材料，避免污染超标，保证居住环境的健康和舒适，创造洁净、明亮的居住环境。建筑设计的人性化使人的因素在建筑中越来越重要。应改变只重生产工艺要求，轻视人的行为和心理需求的倾向，真正体现对人的人文关怀。建筑中的空间及环境要与人相融合，让人们置身于建筑的良好环境中，进而产生归属感、生活感和亲切感。

2. 日本实例

是否坚持以人为本的建筑设计理念，是衡量当代建筑行业的设计师是否合格的重要标尺。

日本建筑设计极具人性化，其中公共卫生间人性化设计的理念做到了极致。无论是在饭店、商场，还是在地铁车站或街边小饭馆，卫生间的墙壁、地砖和洁具等都锃亮洁净。卫生间马桶盖带清洗功能。马桶的上方会设计储物空间，是放置清洗剂／卷纸的最佳空间。卫生间里没有纸篓，手纸入水溶解，使卫生间的环境得到了改善。在一些医院，除了一般的红外线感应器小便池，还有许多配有脚下电子秤的马桶。在使用马桶时，电子秤会测出用厕人的体重，旁边的扶手会量出血压、心跳，马桶内的化验仪器会分析出粪便中的蛋白质、红白血球和糖分，这些数字会在厕所内的屏幕上显示出来。商场公共卫生间把公共卫生间的名字定义为"转换室"，以转换为工作、休息场所，远远超越了厕所的概念。卫生间每个隔间都配备了传感器，它会检测是否有人使用相应的隔间，并将信息传输至安装在厕所外面的大监视屏上，还有小图标显示空着的是西式坐厕还是传统的日式蹲厕。女厕设有72个小隔间，相比之下，男厕只有14个隔间和32个小便池，这样的比例是考虑到了女性在公共场所等待如厕的时间通常比男性长。由于如厕的声音会让女性感到尴尬，所以有些女性上厕所时第一件事便是冲水，对于这种浪费水的行为，日本设计师做了一个小小的发明：按下"音姬"按钮，便会播放潺潺流水声或者音乐，女性也就不会因如厕的声音感到尴尬了。

因此，在建筑的设计过程中，将以人为本的设计理念作为核心，充分利用环境的自然资源，使用高效的节能材料，能避免污染超标，保证居住环境的健康和舒适。

（三）绿色建筑设计理念

绿色建筑不是用奢华和高科技盲目堆砌，主要靠实行精细化设计，其核心是保证全生命周期内实现节约、环保、适用的建筑，以促进建设模式向绿色建设模式的转。绿色建筑设计理念主张在设计与建造过程中，充分考虑建筑物与周围环境的协调，利用光能、风能等自然界中的能源，最大限度地减少能源的消耗，减少对环境的污染。绿色建筑的三大特点：节能能源、节约资源、回归自然，即它追求最大限度地节约资源（节能、节地、节水、节材），保护环境和减少污染，为人们提供健康、适用和高效的使用空间，与自然和谐共生。

1. 原则

绿色建筑设计应当遵循以下原则：

遵循和谐原则：建筑作为人类行为的一种影响存在各种结果，由于其空间选择、建造过程和使用拆除的全寿命过程存在着消耗、扰动以及影响的实际作用，其体系和谐、系统和谐、关系和谐便成为绿色建筑特别强调的重要和谐原则。

遵循适地原则：任何一个区域规划、城市建设或者单体建筑项目，都必须建立在对特定地方条件的分析和评价的基础上，其中包括地域气候特征、地理因素、地方文化与风俗、建筑机理特征、有利于环境持续性的各种能源分布，如地方建筑材料的利用强度和持久性，以及当地的各种限制条件等。

遵循节约原则：重点突出"节能省地"原则。省地就要从规划阶段入手解决，合理分配生产、生活、绿化、景观、交通等各种用地之间的比例关系，提高土地使用率。节能的技术原理是通过蓄热等措施减少能源消耗，提高能源的使用效率，并充分利用可再生的自然资源，包括太阳能、风能、水利能、海洋能、生物能等，减少对不可再生资源的使用。在建筑设计中结合不同的气候特点，依据太阳的运行规律和风的形成规律，利用太阳光和通风等节能措施达到减少能耗的目的。

遵循舒适原则：舒适要求与资源占用及能量消耗在建筑建造、使用维护管理中一直是一个矛盾体。在绿色建筑中强调舒适原则不是以牺牲建筑的舒适度为前提，而是以满足人类居所舒适为设定条件，应用材料的蓄热和绝热性能，维护提高结构的保温和隔热性能，利用太阳能冬季取暖、夏季降温，通过遮阳设施来防止夏季过热，最终提高室内环境的舒适性。

遵循经济原则：绿色建筑的建造、使用、维护是一个复杂的技术系统问题，更是一个社会组织体系问题。高投入、高技术的极致绿色建筑虽然可以反映出人类科学技术发展的高端水平，但是并非只有高技术才能够实现绿色建筑的功能、效率与品质，适宜的技术与地方化材料及地域特点的建造经验同样是绿色建筑的发展方式。

2. 内容

绿色建筑设计主要包括以下几个方面：

节约能源：充分利用太阳能，采用节能的建筑围护结构以及采暖和空调，减少采暖和空调的使用。根据自然通风的原理设置风冷系统，使建筑能够有效地利用夏季的主导风向。建筑采用适应当地气候条件的平面形式及总体布局。

节约资源：在建筑设计、建造和建筑材料的选择中，均考虑资源的合理使用和处置。要减少资源的使用，力求使资源可再生利用。节约水资源，包括绿化的节约用水。

回归自然：绿色建筑外部要强调与周边环境相融合，和谐一致、动静互补，努力做到保护自然生态环境。

舒适和健康的生活环境：建筑内部不使用对人体有害的建筑材料和装修材料。室内空气清新，温、湿度适当，使居住者感觉良好，身心健康。

绿色建筑的建造特点包括：对建筑的地理条件有明确的要求，土壤中不存在有毒、有害物质，地温适宜，地下水纯净，地磁适中。绿色建筑应尽量采用天然材料。建筑中采用的木材、树皮、竹材、石块、石灰、油漆等要经过检验处理，确保对人体无害。绿色建筑还要根据地理条件，设置太阳能采暖、热水、发电及风力发电装置，以充分利用环境提供的天然可再生能源。

绿色建筑设计理念，首先要考虑的是建筑内的居住者的生活质量。不考虑居住者感受的建筑，连销售市场都没有，其本身就是一种浪费，更不必考虑建设和使用中的浪费问题。绿色生态型建筑必须要充分结合当地人的生存环境和风俗习惯，满足居住者的健康、舒适、便利等要求。对于北方地区而言，采暖是第一位的，因此必须在节能的同时，切实加强建筑内的加热和保温设计，使其能够适应当地的气候条件。同时，还必须考虑到地区内大多数居民的生活条件，不能仅仅为了建设优质建筑而不顾成本，建造出居住舒适但居民无力购买的高价建筑。因此，如何在恶劣的气候条件以及北方相对较低的经济收入水平下，设计出最为适宜的绿色生态型建筑，是一项十分艰巨的任务。

现代社会人们对于绿色健康生活方式的追求主要体现在能源的节约上，能源的节约体现在建筑上就是适应时代发展要求的设计理念。绿色建筑是重新将人们的建筑回归自然，重新融入自然世界中去。

3. 国外绿色建筑典型案例

（1）新加坡义顺邱德拔医院

新加坡对绿色建筑十分重视，至 2030 年绿色建筑占所有建筑的比例将达到 80%。绿色建筑义顺邱德拔医院完全遵循绿色和高能效的理念建成。在光伏系统、采暖通风系统、日常照明系统等方面实现了零能源，并且扩大绿植覆盖面积，达到 70% 的自然空气流通，建筑的用能效率比普通医院的平均水平高出 50%。

（2）美国绿色办公室

美国国立资源保护委员会总部以废旧回收物为主要建材的绿色办公室，该栋办公楼从外表看与普通写字楼并无区别，但它的墙壁是由麦秸秆压制并经过高科技加工而成，其坚固性并不次于普通木结构房屋；其他板系由废玻璃制成，办公桌用废旧报纸和黄豆渣制成。最具特色的是其外墙爬满爬山虎等多种蔓生植物，这不仅使办公室显得美丽清爽，并且能调节空气，使室内冬暖夏凉，有益身心健康。

绿色建筑的设计理念是要追求更加节能、更加环保、更加舒适的环境条件,对于各种建筑材料的使用更加追求安全环保。因此，绿色建筑是可持续发展建筑的必然产物，而发展绿色建筑要求在建筑设计之初，就要保持以绿色发展的理念来进行设计，而且这也要求在建造过程中不断地加入新的、先进的施工技术，节能设计的理念应该贯穿建筑设计的始终。

（四）智能建筑设计理念

建筑的智能化应用主要是把各种信息化技术，如多媒体技术、移动互联网技术、虚拟现实技术（VR,Virtual Reality）等应用到建筑设计的创作过程中，通过运用这些智能化新技术，并且通过 BIM（Building Information Modeling）技术进行建筑设计的集成，极大地提高建筑设计的工作效率和设计质量。智能化装置能够及时做出准确的应对措施。生态建筑设计涉及新材料的应用、新能源的开发、新技术的进步等多个方面。从技术方案的角度来讲，生态建筑要做到合理规划、合理选址，尽可能降低对能源的消耗，有效提高资源利用率。生态建筑可以充分利用太阳能、风能等自然能源，达到可持续发展的建设目标。

1. 智能建筑设计原则及技术应用

智能建筑的目标之一是共享信息资源。智能建筑要满足一些基本要求。对使用者来说，智能建筑应能提供安全、舒适、快捷的优质服务，有一个有利于提高工作效率、激发人的创造性的环境。对管理者来说，智能建筑应当建立一套先进、科学的综合管理机制，不仅要求硬件设施先进，软件方面和管理人员素质也要相应配套，以达到节省能耗、降低人工成本的效果。因此，智能建筑设计应遵循以下基本原则：

从实际出发：根据用户的需求和整体的考虑，选取合适的智能化系统产品，保证各个子系统之间可以通过性能价格比较好的软、硬件设备来实现网络互联。开放性强：集成后的系统应该是一个开放的系统，系统集成的过程主要是解决不同系统和产品间接口和协议的标准化，使智能大厦开放性地融入全球信息网络。更具先进性：在用户现有需求的前提下，并考虑今后的发展，使方案保证能将商务中心之类建成先进的、现代化的智能型建筑。更具集成性和可扩展性：充分考虑整个智能化系统涉及的各子系统的集成和信息共享，实现对各个子系统的分散式控制、集中统一式管理和监控。总体结构具有可扩展性和兼容性，可以集成不同生产厂商不同类型的先进产品。安全性、可靠性和容错性：整个楼宇的智能化系统必须具有极高的安全性、可靠性和容错性。更具服务性和便利性：适应多功能、外向型的要求，讲究便利性和舒适性，达到提高工作效率、节省人力及能源的目的。更具经济性：在实现先进性、可靠性的前提下，达到功能和经济的优化设计。更具兼容性：与用户原有的系统充分兼容，保护用户投资，并在结构上、功能上和性能上进一步扩充。

智能控制技术的广泛应用。智能技术通过非线性控制理论和方法，采用开环与闭环控制相结合、定性与定量控制相结合的多模态控制方式，解决复杂系统的控制问题；通过多媒体技术提供图文并茂、简单直观的工作界面；通过人工智能和专家系统，对人的行为、思维和行为策略进行感知和模拟，获取对楼宇对象的精确控制；智能控制系统具有改变结构的特点，具有自寻优、自适应、自组织、自学习和自协调能力。

城市云端的信息服务的共享。智慧城市中的云中心，汇集了城市相关的各种信息，可以通过基础设施服务、平台服务和软件服务等方式，为智能建筑提供全方位的支撑与应用服务。因此智能建筑要具有共享城市公共信息资源的能力，尽量减少建筑内部的系统建设，达到高效节能、绿色环保和可持续发展的目标。

物联网技术的实际应用。简单来说，物联网是借助射频识别（RFID, Radio Frequency Identification）、红外感应器、全球定位系统、激光扫描器等信息传感设备，按约定的协议，把任何物品与互联网连接起来，进行信息交换和通信，以实现智能化识别、定位、跟踪、监控和管理的一种网络。智能建筑中存在各种设备、系统和人员等管理对象，需要借助物联网技术，来实现设备和系统信息的互联互通和远程共享。

三网融合的应用。三网是指以因特网（Internet）为代表的数字通信网、以电话网（包括移动通信网）为代表的传统电信网和以有线电视为代表的广播电视网。三网融合主要是通过技术改造，实现电信网、广播电视网和互联网三大网络互相渗透、互相兼容，并逐步整合为统一的通信网络，形成可以提供包括语音、数据、广播电视等综合业务在内的宽带多媒体基础平台。智能建筑中，通过三网业务的融合使建筑内部的人员不再关心谁是服务商，自由自在地获取各种语音、文字、图像和影视服务。

2. 国外智能建筑典型案例

典型案例一：英国全电式的智能西门子水晶大楼。水晶大楼是一座"全电式"的智能建筑，采用了以太阳能和地源热泵提供能源的创新技术，大楼内无须燃烧任何矿物燃料，产生的电能也可存储在电池中。此外，水晶大楼还融合了可将雨水转化为饮用水的雨水收集系统、黑水（厕所污水）处理系统、太阳能加热和新型楼宇管理系统，使得大楼可自动控制并管理能源。

典型案例二：美国环境系统研究所公司（Environmental Systems Research Institute, Inc. 简称 ESRI 公司）总部建筑。美国威斯康星州布鲁克·菲尔德的环境系统公司总部是世界上最智能的建筑之一，自动化程度甚至使其灭火器在互联网上得到控制。该公司总部是技术和特色系统的显示，大大降低了运营成本。该建筑物获得了"能源之星"称号，评级为 98 分，尽管事实上这座新建筑比前任大一万平方英尺，但公用事业成本比以前的建筑物低了 33%。建筑大厅设有大型平板显示器，显示有关建筑物性能的实时信息。这些参数包括与能量、HVAC（Heating, Ventilation and Air Conditioning）系统、照明和插头负载相关的测量。报警系统连接到 BAS（Building Automation System，楼宇自动化系统），系统监控灭火器，确保其具有适当的压力，并且不被阻塞。

典型案例三：迪拜太平洋控制楼。中东首个白金级 LEED（能源与环境设计先锋）项目，迪拜太平洋控制大楼拥有一个集成的楼宇自动化系统，使用有线和无线传感器控制和 M2M（Machine-to-Machine）通信，这使其成为该地区可持续发展的象征。该建筑具有 IP 骨干网，它负责公司的研发活动，并将远程监控该地区公共和私人物业的设施服务。

（五）生态建筑设计理念

1. 生态建筑的设计理念

生态理念的发展是一个时代科技发展和社会进步的体现。生态理念指导下的现代建筑设计力图实现高效、美观、健康和舒适的核心思想。生态建筑对于居住者来说应具有足够的舒适度，首先应具备适宜的湿度和温度。例如，有些地区夏季室内空调温度相对较低，甚至需要加衣保暖，这样的舒适无疑是畸形的，同时也对资源和能源造成极大浪费，而且不利于人体健康。

生态建筑必须节约能源、资源，采用自然通风、自然采光、太阳能等设计，建筑本身低能运行，因此，建筑包括保温隔热复合墙、节能玻璃、智能化遮阳系统等的应用，能保证延长建筑物的寿命，符合建筑节能规范的要求；能保证长时间连续运行，且具有高效，可靠性、低能耗、低噪声特点。生态建筑必须符合以下两个原则：

环保化原则：生态建筑大量采用绿色型、环保型建筑材料。包括防霉、抗菌功能复合内墙涂料、小材黏合剂、排烟脱硫石膏以及石膏矿粉复合胶凝材料和高性能水性材料表面装饰涂料等，这可以帮助改善室内环境，有良好的室内空气质量、建筑声环境和建筑光环境。

人性化原则：生态建筑必须符合人性化原则，树立"以人为本"的建筑设计理念。生态建筑追求高效节约但不能以降低生活质量、牺牲人的健康和舒适性为代价，原始的土坯房绝对不能称为生态建筑。在以往设计的一些太阳能住宅中，有相当一部分是服务于经济落后地区的，其室内热舒适度较低。随着人民生活水平的不断提高，这种低标准的"生态"住宅很难再有所发展。

2. 生态建筑的发展趋势

西欧和北欧是生态建筑发展较好的地区，近年来，在日本和新加坡均有现代意义的生态建筑建成。目前，各国建筑师都在潜心研究生态建筑的技术和设计方法。从建筑设计上看，首先是将建筑融入自然，把建筑纳入与环境相通的循环体系，从而更经济有效地使用资源，使建筑成为生态环境的一部分，尽量减少对自然景观、山石水体的破坏，使自然成为建筑的一部分，通过高技术实现能量循环利用。其次是将自然引入建筑，运用高科技知识，促进生态化、人工环境自然化。在现代都市中引入自然、再现自然，运用生态技术，将植物、水体等自然景观引入建筑内部。

生态建筑代表了 21 世纪建筑的发展方向，从全球可持续发展的观点来看，提倡各种建筑生态技术的应用，发展生态建筑，有助于推动全球生存品质的改善。对于发展中国家来说，加大生态建筑的研究，推进建筑的生态化，无论从环境的角度、能源的角度或是可持续发展的角度都将有重要的现实意义。生态建筑作为一个宏观概念，涉及新材料的应用、新能源的开发、新技术的进步等多个方面，它不仅限于建筑本身，而且关系到社会的整体生态环境状况。同时也可将生态建筑当作一个技术集成体，很多技术问题，如能源优化、中水利用、污水处理、太阳能利用等，这些并不属于建筑专业，但需要建筑师与其他专业工程师的共同配合。

3. 典型生态建筑设计的案例

典型案例一：帕来索西西姆的生态宾馆

位于墨西哥尤卡坦半岛海边的帕来索西西姆生态宾馆，可提供 15 个宽敞、舒适的俯视青绿色墨西哥湾的小屋，坐在屋子里，不时可以看到当地十分有名的成群结队的火烈鸟。这个宾馆是根据最严格的环保要求设计的，它采用的建筑材料是泥土、木材和草，既节能又环保。这里有采用生物过滤方法的再循环水，还有利用太阳能加热的游泳池。

典型案例二：马来西亚那亚大厦

马来西亚那亚大厦建成于 1992 年 8 月，由杨经文设计建造。整个大厦共有 30 层，高 163 米，是高圆柱体塔楼，所属气候区为亚热带。基于生态系统的原理与理论，依据建筑和管理的群体让位于单位建筑及周边环境的原则，来达到经济、自然和人文效应的三大生态目标。主要生态设计特征有：空中花园从一个 3 层高的植物绿化护堤开始，沿建筑表面螺旋上升（平面中每 3 层凹进一次，设置空中花园，直至建筑屋顶）。中庭使凉空气能通过建筑的过渡空间。绿化种植为建筑提供阴影和富氧环境空间。曲面玻璃墙在南北两面为建筑调整日辐射的热量。构造细部使浅绿色的玻璃成为通风过滤器，从而使室内不至于完全被封闭。每层办公室都设有外阳台和通高的推拉玻璃门以便控制自然通风的程度。所有楼的电梯和卫生间都是自然采光和通风。屋顶露台由钢和铝的支架结构覆盖，它同时为屋顶游泳池及顶层体育馆的曲屋顶(远期有安装太阳能电池的可能性）提供遮阳和自然采光。被围合的房间形成一个核心筒，通过交流空间的设置消除了黑暗空间。

二、我国建筑设计的历史演变

面对中国建筑设计行业发展环境和发展趋势的变化及存在的问题，全行业迫切需要增强紧迫感、危机感，迫切需要进行改革创新。

（一）创新思路求发展

1. 突出"大设计"理念

以完善工程建设组织模式为基础，深入理解全过程工程咨询内涵，突出"大设计"理念。中国建筑设计企业不应只关注设计业务，还应关注前期策划、咨询业务，关注设计与施工融合，寻求为建设单位提供全过程工程咨询服务。未来中国建筑设计企业应突出"设计＋咨询＋管理"的"大设计"理念，坚守设计主业，提升咨询能力，补全管理短板，体现设计咨询价值，体现专业人干专业事的优势，真正实现为工程建设全过程提供设计咨询管理服务。围绕建设单位做足、做全、做好服务，争取全过程设计咨询管理服务收费，改变目前的收入构成、拓展业务范围、提升品质价值、提高质量收益，实现新的跨越。

第一，要继续坚守设计主业。在传统方案设计、施工图设计基础上，努力适应全过程工程咨询与实施建筑师负责制改革需求，在提升质量、效率、效益上下功夫。一是要提升建筑设计原创水平、增强建筑创作能力、关注建筑传统文化传承，适应建筑方针要求。二是要特别关注建筑使用功能，注重品质、价值体现。三是要关注建筑经济性能，注重产品性价比提升，适应限额设计需求。四是关注设计优化、深化，积极为业主和总包方提供优质服务，让优化体现优势，让深化辅助精细。五是要关注设计施工一体化，促进设计施工协同，让产品充分体现设计师的意图。六是提早为施工图技术设计与深化设计分离做好准备，统筹安排，选好合作伙伴，积极迎合市场需求。

第二，要提升咨询策划能力。既要关注在项目前期提供策划咨询，参与项目建议书、可行性研究报告与开发计划的制定，参与项目规划与环境条件确认及建筑总体要求，提供项目策划咨询报告、概念性设计方案及设计要求任务书、代理建设单位完成前期报批手续，还应关注工程建设全过程的各种咨询业务，包括为建设单位提供的专有咨询、为总承包商提供的优化设计咨询，深化设计咨询、仿真计算咨询、专有技术咨询等各类咨询服务。要充分认识咨询的价值作用，让咨询为企业扩展业务、提升品牌价值、增加收入、创造收益等提供支撑。要加强咨询策划能力的培养，强化培训、整合咨询社会资源，开展实践，快速提升咨询策划能力。

第三，要补全管理短板。应该看到，国际上通行的全过程工程咨询收费中，完成前期策划与设计的收费仅占到50%左右，建设过程的管理服务收入却占到一半，但目前后者却是我们的短板。实施建筑师负责制，将为我们创造良好的机遇。未来的建筑师（含各类设计师）不光要完成设计，还要跟随施工建设，参与代表建设单位施工过程管理，包括施工招投标管理、施工合同管理、施工现场监督、主持工程验收等。未来的建筑师应能起草施工招投标文件，应能组织编写技术标书，还要代理建设单位进行施工合同管理，代理建设单位对承包商发布指令。通过检查、签订、验收、付款等方式，对施工质量、进度、成本进行全面监督和协调，代行监理工程师职责。建筑师全过程参与现场服务，也将改变建筑设计企业的管理方式。

除了施工过程管理，建筑师还应参与运维管理，组织编写建筑产品说明书，督促、核查承包商编制维修手册，指导编制使用后维修计划，开展使用后评价服务，在更新改造和拆除中，建筑师也可以提供各种服务。

围绕"设计＋咨询＋管理"的大设计理念，强化以"为建设单位提供服务"为核心，必将为建筑设计行业未来发展带来新变化、新业务、新收益，促进中国建筑设计行业持续健康发展。

2. 拓展"全过程"服务

转变工程建设"投资、设计、施工、运维"一体化的观念，强调为工程建设产品全寿命周期提供服务是指按照全过程服务的理念，积极在工程建设的规划、策划、设计、施工、运维、更新和拆除全过程参与服务，即参与规划、提供策划、完成设计、监管施工、指导运维、延续更新、辅助拆除。这既是中国建筑设计行业改革的需求，也是自身发展的良好机会，更是一种挑战。

拓展"全过程"服务，将极大地拓展建筑设计行业业务范围，从传统单一的设计阶段，拓展到全过程服务，业务增长将是巨大的。需要建筑设计企业关注新业务，如城市设计、前期策划、设计优化、施工过程监管、参与运营管理、参与城市更新改造、参与绿色拆除等。而业务范围的扩大，也将带来收入构成的变化，相应效益也将得到提升，是一次转型的极好机会。

对工程建设提供全过程服务，全行业的能力还有较大欠缺，还有很多不足，要想达到理想状态，还需要补齐很多短板，还需要很长时间的磨合。但只要做就会有进步，就会有效果。过去的不足，是没有需求、没有引导、没有市场造成的。

3. 树立"大建筑"思想

中国建筑设计行业已经纳入了建筑业发展范畴，是国民经济支柱产业建筑业的组成部分。未来建筑设计行业需改变传统建筑设计行业的观念，要参与并服务工程建设的各方面，也可以渗透到建筑业的各业务领域。对具备条件的建筑设计企业可以考虑开展工程总承包业务，参与勘察测量业务、工程监理业务、造价咨询精算业务、专有技术服务业务，同时需要在建筑设计中少开"天窗"，少见专项设计，全面参与幕墙、装饰、照明、智能化、消防、环境、风景园林等各类专项设计。全面把控建筑整体品质、质量，是新时期的新需求。多元化经营、多元化业务，必将带来多元化的变化。企业既需要有多元化的战略规划、多元化的资源配置，还需要有多元化的管理、多元化的人才与能力培养，为企业带来多元化的收入与效益。"大建筑"将为中国建筑设计行业带来新的发展空间。

4. 培育"大土木"理念

未来中国建筑业发展的主旋律是市场化和国际化。企业资质未来总的趋势是优化、简化。对中国建筑设计企业来讲，要解放思想，要致力于进入大土木领域，应充分考虑涉足市政工程、桥梁工程、公路工程、轨道交通、地铁等土木类工程，积极引进资源和人才，为开展这些业务创造条件。一是如有条件现在即可申请相关设计资质，争取进入。二是联合有资质的单位，探索开展相关业务，培育人才、积累业绩。三是积极培育积累业绩经验，为未来放开资质做好准备。目前，应创造条件积极参加海绵城市、综合管廊等业务，创造条件争取突破。

5. 实现设计施工一体化

建筑业未来的发展，不论采用哪种建设形式，如工程总承包、全过程工程咨询、建筑师负责制等，均涉及设计与施工的融合，均要考虑设计施工一体化。一是要将建筑设计融入总包管理，服从总包统一安排，为总包提供服务，建立总包思维。二是作为建设单位代理，需要与承包商建立良好关系，统筹协调好各方利益。三是紧跟具有总包和海外优势的施工企业开展总包业务和海外业务。四是为具有总包和海外业务的总包提供设计咨询管理服务。五是积极开展设计优化、深化业务，为总包提供增值服务，拓展业务范围，扩大增量，增加收入。六是利用设计施工融合，积累经验、补齐短板，为全面实施全过程工程咨询和建筑师负责制创造条件、积累经验。七是积极拓展为施工企业提供的设计服务、策划咨询，通过施工企业加大业务增量。八是关注为施工企业提供仿真计算的能力,争取开展相关业务。

6.追求品质价值提升

要建设具有中国特色的社会主义现代化强国、提升建筑设计水平、加强建筑设计管理、适应社会主要矛盾改变、解决中国建筑设计发展不平衡与不充分的问题，最根本的还是要通过改革创新，通过提升品质、质量和效益来实现，需要遵循适用、经济、绿色、美观的建筑方针。建筑设计行业要不忘为社会提供功能适用、经济合理、安全可靠、技术先进、环境协调的建筑设计产品。一是要适应社会主要矛盾的变化，超前研究建筑使用功能、技术需求、美观要求发生的变化，提升建筑设计标准，满足不同阶层人们的使用需求。二是充分利用现代新技术、新材料、新手段，打造具有时代特征的新产品。三是超前研究新兴技术对建筑产品的影响，尽早策划人工智能、数字经济在建筑上应用研究。四是关注新建筑，适应社会养老、数字经济、共享经济建筑需求。五是关注建筑产品性价比需求、建筑经济、适应限额设计需求。六是关注建筑技术，提高建筑舒适度，节约建筑能源。七是关注建筑细节，充分发挥工匠精神，多出精品、多创品牌。

（二）深化改革促转型

深化改革是破解未来中国建筑设计行业发展瓶颈的关键一招。

1. 加快组织模式改革

国务院 2017 年 2 月印发的《关于促进建筑业持续健康发展的意见》要求，加快建立完善工程建设组织模式。一是加快推行以设计为龙头的工程总承包，用总承包带动建筑设计企业快速发展，将设计融入总承包，树立设计为总承包服务的理念。通过总包业务拓展服务的内容与范围，对有条件的建筑设计企业可以探索开展以设计为龙头的总承包，从源头介入工程设计、掌握主动权、发挥设计价值优势，扩大企业规模。二是积极参与全过程工程咨询培育。整合社会资源，引进复合型人才，积极开展全过程工程咨询业务。争取在规划、策划、设计、施工、运维、改造、拆除全过程开展业务。三是积极参与建筑师负责制试点，争取在民用建筑中充分发挥建筑师主导作用，积极为建设单位提供全过程工程咨询服务。要从与国际接轨的角度出发，深入研究施工图技术设计与深化设计规划，及早准备，适应转型。

2. 资质制度改革

从优化资质资格管理的角度出发，应大幅度减少勘察设计企业资质限制。一是对行业资质进行压缩，对数量极少、类同行业资质进行合并。二是压缩专业设计资质。三是建议将建筑设计专项改为深化设计专项资质,设计资质回归建筑设计企业。

四是建议取消全行业综合甲级资质,设立分类别综合甲级资质,如土木类、交通类、航空航天类等。五是有序发展规范个人执业事务所,推行个人执业保险制度。六是放宽企业资质与个人注册要求,提高注册师考试通过率,保证企业资质申报通过率。七是向边远、相对落后地区倾斜,为区域经济协调发展提供支持保障。

3. 招投标制度改革

放开非政府投资项目出资人的招投标自主权。严格界定招标工程建设项目范围。鼓励境内外设计企业同权参与招标,取消境外企业招标优先条件。鼓励开展方案竞赛招标或设计团队招标,将设计服务取费招标与方案优选区分开来,最大限度保护设计知识产权。提倡有偿招标及招投标交易全程电子化。对依法通过竞争性谈判或单一来源方式确定的中标项目,审批上要给予方便。

4. 体制改革

鼓励符合市场竞争状况和企业实际情况的各种形式的产权制度改革,加快混合所有制经济改革步伐。放宽国有企业与私营企业整合限制,采取多种形式,鼓励体现知识价值,倡导企业股权多元化，鼓励企业管理层与骨干持股，鼓励企业间的强强联合，鼓励具备条件的企业探索上市。进一步完善现有企业治理结构与管理体制，提高企业运营效率，增强企业竞争力。改革中应充分尊重企业员工的选择权、知情权、参与权。

5. 组织机构改革

要探讨与企业从事业务相适应的组织机构模式，大型、中型企业可以探索集团化管理模式，反对组织机构模式单一化、一刀切，鼓励企业建立适应项目管理模式的矩阵式组织结构，力争与工程总承包、全过程工程咨询及建筑师负责制模式相协调。鼓励建立专业化与精细化相互协调的组织模式，充分发挥企业名人、名师及技术骨干作用，鼓励建立个性化名人工作室。

6. 保险制度改革

积极探索适应新模式的保险制度。深入研究工程总承包模式下的保险制度，厘清建设单位、总承包商、分包商之间的相互保障关系，各司其职，避免重复，提供保障。积极探讨推行建筑师负责制模式下的保险机制，研究企业、团队与个人保险的关系，借鉴国际经验，确保保险发挥作用，规避企业风险。

7. 收费制度改革

积极探索在市场收费完全放开条件下的收费机制。探索适应新工程建设模式下的全过程工程咨询服务收费原则，在保证依法合规基础上，借鉴国家成熟经验，制订收费原则指导意见，成为保障工程质量安全条件下的最低收费原则。

（三）拓展国际新领域

按照党中央、国务院的部署，未来建筑业的方向，既要强调市场化也要关注国际化。要加快建筑业企业"走出去"，加强中外标准衔接，提高对外承包能力，鼓励建筑企业积极有序开拓国际市场，政府要加大政策扶持力度，重点支持对外经济合作战略项目，这既是对建筑业整体的要求，也给中国建筑设计行业提出了新的课题与要求，更为中国建筑设计行业未来发展创造了极好的机遇，全行业应充分提高认识、积极应对。

1. 明确定位，做好规划

要根据各企业实际情况，全面深入分析总结企业参与国际业务的优势与不足，解放思想、统一认识，坚定企业"走出去"信心与决心。首先确定企业是否具备"走出去"的条件，分析相关资源配置是否可以满足？经过争取，是否可以满足？其次要决定企业"走出去"的方式。对于企业能力较强，资源配置较好的企业，可以考虑采取独立"走出去"的方式；对于能力一般，资源配置还需要持续补充的企业，可以采取"搭船出海"

或"借船出海"的方式走出去。依托具有实力的海外投资机构或总包企业，借势出海。对于暂时不具备能力、资源配置不到位的企业，也需要积极关注国际化业务，想办法先在国内寻找机会，采取与境外设计公司合作，承担国际投资项目，参与以国际规则实施项目总包的项目，锻炼、培养自己的国际化能力。要制订统筹计划，最好从顶层设计来编制企业"走出去"战略规划，必要时可以考虑聘请专业咨询公司和专家，给予策划指导，使之更有前瞻性、可行性与可操作性。适时对企业国际化战略进行评审调整，使之更加有效、更接地气、更具有可持续性。

2. 明确业务承接方式

依据企业国际化业务规划，重点确定企业"走出去"国际化业务重点。对于建筑设计企业来讲，主要关注六方面业务：一是配合国内在境外投资项目的机构和企业，做好国际业务的项目策划与设计工作，促成项目成功实现。二是配合在境外承担项目总承包的企业，做好项目设计总包管理与设计深化工作。三是具备条件与能力的设计企业，可以独立承担境外设计业务。四是配合中国对外经济合作战略项目，开展境外设计咨询管理业务。五是承担境外投资项目，在国内按国际通行规则实施设计业务。六是与境外设计企业合作承担各种国际设计业务。但不论以何种方式承接国际业务，均要以"与国际通行规则接轨、拓展企业国际业务范围、提升企业核心竞争力"为目的。

3. 优化整合国际资源

积极为企业国际业务的开展做好资源配置。要从战略高度关注国际业务关系、人脉、队伍、知识等资源配置情况。重点从以下几点加以考虑：一是加强国际化人才培养与引进，广泛吸引优秀人才从事国际化业务，包括技术人才、商务人才、外语人才、法务人才等各类人才。二是注重国际人才属地化政策的实施，积极从属地吸引人才。三是积极构建国际化业务关系网络，包括项目、采购、法律等多个方面。四是建立国际化组织机构。五是掌握国际化标准，做好中外标准对标分析，熟悉掌握项目所在国相关法律等。

4. 积极拓展国际业务

国际业务的拓展应本着先易后难，先发展中国家、后发达国家，先熟悉地区与业务、后新兴业务的原则，多接项目、多成项目，积极开展项目实践，为未来国际化业务的开展创造积累经验。

5. 接轨国际业务规则

关注国际化业务与国内业务的差异变化，积极按照国际通行规则开展项目。一是从组织模式上，按国际通行的模式组织国际业务，适应国际通行的 EPC（Engineering，Procurement，and Construction）、DB（Design-Build）等模式。二是从管理方式适应国际化，按国际通行条款满足项目管理要求。三是从设计阶段适应国际化要求，关注设计管理、设计优化与设计深化。四是从设计标准上适应国际化要求，注重标准国际化。五是从社会、文化、语言、风土人情等方面，适应国际环境。

6. 防范国际业务风险

国际化业务对建筑设计行业来说还是一个全新的课题。我们的经历、阅历、经验都十分有限，其中的风险必然很大，所有"走出去"的企业均需要十分关注国际业务风险，包括所在国的政治风险、战争风险、经济风险、汇率风险等，做到真正防患于未然。

（四）依靠科技提水平

当前，世界新一轮科技革命和产业变革孕育兴起，抢占未来制高点的国际竞争日趋激烈。随着进入新时代，我国经济结构深度调整，新旧动能接续转换，已到了只有依靠创新驱动才能持续发展的新阶段，比以往时候都更需要强大的科技创新力量。要把科技创新摆在中国建筑设计行业发展全局的核心位置，以新发展理念为引领，深入实施创新驱动发展战略，加快培育壮大新动能，改造提升传统动能，推动建筑设计行业向更高水平发展。

1. 建立完善科技创新体系

着力改变建筑设计企业"重业务、轻科研"的现状，从宏观战略层面加大对科技创新的认识。一是建立完善新的科技研究机构，整合配齐相关技术人才，积极争创国家、省、市级技术中心。二是建立完善企业科技创新实践中心，构建建筑设计原创中心、绿色建筑设计研究中心、装配式建筑设计研究中心、BIM 技术中心等各类研究中心机构。三是成立专业技术集成研究机构，发挥专业特色，构建各具特色的建筑研究中心。四是注重企业基础实验室应用建设，为基础科学与应用科学研究提供场所条件。五是建立企业科技技术人才体系，培养各类专业技术骨干。六是构建金字塔形科技人才队伍。七是培育企业领军人物，争取多出大师、院士。

2. 增加企业科技投入

建立企业科技研发基金制度，保证企业科技研发经费。积极争取国家、省、市级科技研发项目，与具有实力的企业和大学进行科技联合，多方争取科研经费，建立企业研发经费保证制度，提取企业营业收入按照一定比例作为研发投入，保证科研工作顺利开展。

3. 积极争取科技奖项

科技创新要多出成果、快出成果。积极对接国家、省、市级科技奖励机制，积极申报国家、行业、地方科技奖项，总结归纳科技成果，争取高奖励，激励科技创新。

4. 注重基础科技研究

结合企业特色、特长，对涉及建筑设计前沿的基础科学进行研究，取其精华，获取成果，加强应用，引领行业科技进步。

5. 扩大科技创新激励

充分利用科技奖励股权和分红激励、科技成果转化收益等政策，鼓励支持科技人员创业，扩大企业薪酬分配自主权，激励科技创新热情、激情，形成科技创新高潮，带动企业科技水平的提升。

6. 关注新兴科技领域

高度关注现代新兴科学技术发展，密切关注互联网、物联网、BIM 技术、人工智能、大数据、云计算、机器人等新兴技术对建筑及设计单位的影响，超前关注、超前研究、超前应用，占领科技制高点。

（五）强化管理练内功

对中国建筑设计行业企业发展而言，外部宏观、中观、微观发展环境至关重要，但自我改革完善也十分重要。要在适应外部环境的同时，重视强化管理、苦练内功，提升自我能力，真正做到"打铁还需自身硬"。

1. 组织结构管理

在突出"大设计"理念、拓展"全过程"服务、树立"大建筑"思想、培育"大土木"思维的总体发展思路下，建立适应企业发展的组织结构很有必要。统筹企业组织机构建立机制，对于大中型建筑设计企业，有必要考虑构建集团式管理机构平台，对各业务线进行统筹管理，充分发挥专业优势实现资源利用最大化。对于中小型建筑设计企业，有必要以专业工作室为基本单元，利用企业营销中心及经营部门进行协调统筹。未来建筑设计企业，应以"企业管项目、以项目为中心"构建矩阵式组织机构，提高企业项目管理水平。

2. 质量体系管理

高度重视企业品质质量提升，依据企业现状及特点，完善企业质量体系管理，要真抓、真管、真做，要建立企业质量保障组织，完善整改措施，持续提升企业质量。

3. 环境体系管理

高度重视环境体系的建立。不断增强环境意识，采取预防措施，关注环境保护，避免对环境造成污染。

4. 职业健康安全管理

关注健康环境建设，注重企业生产环境的改善，建立职业健康监督评价体系。从源头上防止职业病的发生，特别是从事施工现场服务的人员，更要注重劳动保护，确保员工健康安全。

5. 人力资源管理

制订企业人力资源发展规划。明确企业用人需求及数量，坚持"培养、引进、整合、多措并举"的原则，多方引进人才，整合社会资源，为企业发展提供人力资源保障，建立与企业发展相适应的薪酬体系，注重运用股权、期权与股权激励等长期激励手段，用好人才、留住人才，发挥人才的作用。

6.财务资金管理

高度重视"营改增"政策的调整对建筑设计企业的影响。合理进行税务策划，加强财务核算管理，提升企业融投资能力，关注企业财务风险，提高企业资金效益。

7.信息系统管理

运用高效、安全的信息化系统网络，是现代建筑设计企业的基本特征。要高度注重企业信息化建设。一是要建立适用企业各方需求的平台系统，完善企业办公、财务、科技等各个系统。二是关注数据财务一体化建设，实时反映企业经营财务效益状况。三是建立企业知识系统，利用大数据为企业提供各方需求。四是构建完善企业协调系统，注重三维系统及BIM技术的应用。五是高度关注企业信息化安全，防范风险。六是持续推进企业软件正版化。

（六）凝聚文化创品牌

在关注企业硬环境建设的同时，建筑设计企业还需关注软实力的提升，要发挥文化品牌的力量，推进企业文化发展。

1.文化建设

要培育良好企业文化，注重企业文化氛围，从思想道德、职业道德和职业情操教育入手，提高员工爱企、爱岗热情，用社会主义核心价值观引领企业文化，提升企业文化观念、价值观念、企业精神、道德规范、行为准则、历史传统、企业制度、文化环境、企业品牌等水平。坚持"追求卓越、追求创新、追求改革"的价值观念，弘扬积极向上的企业精神，促进企业文化品牌的提升。

2. 品牌建设

品牌建设是对企业品牌进行设计、宣传、维护的行为。在日渐讲究诚信，十分注重品质、质量，强调工匠精神的今天，品牌建设对企业而言变得十分重要。要对企业品牌做挖掘、总结、提炼工作，要采用"注重名牌产品、突出品牌宣传"的方式，充分利用现代媒体，宣传企业品牌，更要关注品牌维护，维护品牌，让品牌发扬光大。

3. 和谐环境

要关注企业发展环境中的和谐。要处理好与企业利益相关方的和谐关系，关注政府、建设单位、合作方、总承包方、分承包商、供应商等各方利益的平衡，还要关注企业内部友好环境的建立，协调好领导者、管理层、员工层等各方的关系，提高员工的幸福感和满意度。

4. 福利尊严

要提倡尊重知识、尊重人才，要让设计师体面地工作，创造良好的工作环境，拓展员工合理福利，千方百计地提升员工薪酬待遇，注重员工身体健康，用提升效率代替无休止加班、加点，让员工充满幸福感。

5. 诚信体系

讲诚信是未来企业的生存之道。要建立企业诚信体系，构建诚信文化、信守承诺、保证质量、关注品质，让诚信为企业留住客户，形成品牌。

6. 名人效应

高度关注企业名人的培养，为名人工作和生活提供便利条件。让名人做名品，创品牌，引领企业不断取得新发展。

第二节 现代建筑设计的特点、原则与内容

一、现代建筑设计的特点

现代建筑是指 20 世纪中期，在西方建筑界居主导地位的一种建筑思想。这种建筑的代表人物勒·柯布西耶、密斯·凡·德·罗、格罗皮乌斯等人主张建筑师要摆脱传统建筑形式的束缚，创造适应于工业化社会要求的崭新建筑。这种建筑具有鲜明的理性主义和激进主义的色彩，又称为现代派建筑。

建筑是人类文明的重要组成之一，不仅受人类居住要求的影响而不断发生变化，还受到各种政治、经济、文化关系等因素影响。现代建筑发展于 20 世纪，其思潮的形成始于 19 世纪。很多设计者挟建筑师之名投身于室内设计范畴内，确实拥有着有利条件。专业设计师不局限于对家具搭配上的安排，更重要的是懂得如何把装修工程联系起来。现代建筑是新风格建筑中有思想深度的令人注目的建筑类型，尽管在数量上寥寥无几，但是正是这数量不多的作品，使得中国近代建筑历史中现代建

筑价值观念的发展方向更加明确。18世纪中期工业革命在英国开始，新技术、新机器的发明和新能源的使用都直接影响了城市规划和建筑。

现代建筑的代表人物倡导新的建筑美学标准。包括表现手法和建造手段的统一；建筑形象的逻辑性；建筑形体和内部功能的配合；简洁的处理手法和纯净的体形；灵活均衡的非对称构图。现代简约风格体现在：金属是工业化社会的产物，也是体现简约风格最有力的方法，因此各种各样不同形状的金属灯，是现代简约派的代表物品。简约空间，色彩要跳跃式地呈现出来。运用大量的大红、深蓝、苹果绿、纯黄等高纯度色彩，不仅是对简约风格的遵循，也是个性的体现。建筑设计中经常遇到一些住宅面积较小，能被个人拥有的空间不多的问题。因此，在空间的运用上，我们采用简单的手法去处理，以达到增大空间的效果。所谓的简单，是泛指采用一种简约的格调，主张采用不花巧的线条，不复杂的材料，打造一个自然舒适的场景，来增加视觉空间感。

现代建筑思潮产生于19世纪后期，成熟于20世纪20年代，在50~60年代风行全世界。70年代以来，部分文献提到现代建筑时，还加以"20年代"字样。现代建筑有三大特征：具有象征性或隐喻性；采用装饰；与现有环境融合。从 60 年代开始，有人认为现代建筑已经过气，认为现代建筑基本原则仍然正确，但需要补充修正。后现代主义作品可以用以下事实获得鉴别：不同风格，无论是新与旧，都被加以折中地合并在一起，并采用现代主义的技术与新材料使其得到强化。

现代建筑是整个 20 世纪建筑风格运动的中心。它不仅影响了整个世纪的建筑思潮和建筑活动，也改变了物质世界的原有面貌，从而带来了当代的许多新的设计运动。而且形成了形形色色的新流派、新风格，比如，后现代主义风格、解构主义风格等。这些新的建筑思潮都与现代建筑有着千丝万缕的复杂的联系。因此，想了解掌握世界建筑发展的过程，需要全面认识，并透彻地了解现代主义是必要的。

二、现代建筑设计的原则

现代建筑设计的基本原则：第一，以人为本的原则。主要包括：一是甲方（建设单位）的利益。建筑设计中应充分考虑甲方对项目功能及经济性的要求。二是使用者的利益。使用者有时候是甲方，绝大多数情况下不是。使用者的职业各不相同，数量也不同。满足使用者的生理及心理需求是建筑师不可推卸的责任。三是施工单位的利益。这里面也包含了对施工企业施工的经济性及便捷性、安全性的考量。同时也要照顾到农民工、设备安装人员甚至包工头的利益及安全。

第二，整体性设计原则。就是要充分考虑建筑物的各种组成部分和各种功能需要，作为一个整体，体统性的研究其构成及其发展规律，从相互依赖、相互结合、相互制约的整体与部分的关系中体现建筑的特征和规律。

第三，绿色环保原则。目前大中城市普遍存在林木稀少，楼房与人口日益密集以及大气污染、水污染等一系列的城市环境问题，城市生态环境的恶化，影响居民的健康与生活。建筑师在进行设计时应当充分考虑设计区域的自然条件，利用城市的自然地貌特征和原有的植被、水体、花卉等，本着保护和恢复原始生态的原则，按照体现不同城市特点的要求，尽可能地协调绿地、水体和建筑物之间的关系。

三、现代建筑设计的内容

（一）太阳能的利用

随着科技的进步，人们将发展目光转移到对自然能源的转化与利用上，如太阳能。太阳能能量的产生主要是将其自身所散发的光热转换为能够供人们利用的能量。从转换装置的类型上主要可分为两种：一种是平板式集热器，另一种是聚光式集热器。当太阳光直射在安装有转换装置的建筑物时，该装置通过黑色表面上的反射镜或者透镜聚集光热，集热板可自行将吸收光源转换成热量，通过空气的流动带动热量的流动，送至每个居住或者办公空间。此外，光电转换是太阳能的另一优势，主要是通过专业的光电设备，将所收集的太阳光热能量转化为电能，供人们日常用电。目前，市面上常见的光电装置为硅电池板，硅晶材料在光的照射下释放电子，从而产生光电效应，多被应用于汽车、计算器等方面。

（二）环保性建筑材料

环保型材料根据环保等级和能耗不同可以分为：基本无毒无害型，指天然的，未经过污染，只进行了简单加工的装饰材料，如石膏、滑石粉、砂石、木材、某些天然石材等。低毒、低排放型，指经过加工、合成等技术手段来控制有毒、有害物质的积聚和缓慢释放，因其毒性轻微、对人类健康不构成危险的装饰材料。如甲醛释放量较低、达到国家标准的大芯板、胶合板、纤维板等。

（三）选择合适的建筑环境

在对建筑环境进行选择时，首先应对其周围土壤因素进行排查，避开含有毒、有害物质的区域，以适宜的地表温度、纯净的地下水等为标准，进行环境的选择。其次，在对建筑空间内部进行装饰设计时，减少对人体有害的建筑材料和装饰装修材料的使用，确保整个空间内空气的流动性以及温度的适宜性，为居住者营造健康、舒适、温馨的居住环境。

（四）减少能源消耗及资源浪费

建筑设计的能源消耗主要表现在设计和材料选择两方面，在建筑设计前期，应根据国家相关环保标准，对所选择材料进行严格的筛选，材料本身以低能耗、高性能、经济性为主。同时，还应满足建筑的使用功能和结构安全。在建筑设计过程中减少能源消耗及资源浪费，一方面，注重材料在实际应用过程中的节能环保；另一方面，还应将建筑材料本身的消耗量纳入其中，回收利用率较高的建筑材料，在材料的选择上也应该尽量就地选材，减少运输过程中的能耗和污染。

第三节　现代建筑设计的构思与理念

一、现代建筑设计的构思

随着经济的发展以及科学技术的进步，传统的建筑设计理念受到了冲击，同时，人们对于建筑的要求也在不断地提高，并且这种要求不再只是功能性的满足，这种要求是多样性的。因此，现代建筑设计构思需要不断开拓进取、努力创新。一个融合了形象与概念、感性和理性的建筑设计作品才是具有多元创造性的作品。运用创新性思维使现代建筑设计散发生机和活力。现代建筑设计应该被赋予灵魂，灵魂即来源于现代美学意象所表现出来的人文精神象征意义以及现代价值观的具体体现。

（一）现代建筑设计创新构思的必要性

1. 现代建筑设计的现状

第一，建筑设计作品缺乏生机和活力。这种情况的产生有很多原因，首先是来自设计师自身的原因。设计师是建筑设计的主体，主观能动地缺少创造性，只能一味地重复传统设计思路，导致建筑设计一成不变；其次在设计人才培养的过程中，或者在日后的设计过程中，受到书本定式、经验定式、从众定式以及权威定式等思维定式的左右，问世作品差强人意。第二，"崇洋媚外""盲目抄袭"之风盛行。很多设计者没有真正认识到中国传统建筑设计文化的精髓，一味地追寻国外设计风格，陷入其中不可自拔，设计作品缺少民族归属感，更有甚者，对具有独到见解的建筑设计照搬照抄。

2. 现代建筑设计创新构思的意义

建筑设计产品不仅仅作为一种使用工具而存在，建筑设计也不仅仅追求符合科学计算、产品经久耐用，纵观古今建筑、横看中外建筑，从某种意义上来说，建筑更是民族文化艺术重要组成内容之一。建筑作为人类生活环境的主要构成元素，建筑设计作为一种社会艺术，其创作构思不可在孤立中形成，更不能是思维定式、墨守成规的。现代建筑设计理应是崇尚创新、提倡创新的，在实践过程中，现代建筑设计需要通过创新性的构思为建筑设计注入新鲜血液，推动现代建筑再创行业辉煌。

（二）传统与现代建筑设计的差异

1. 建筑设计特点

相较于传统建筑设计单纯讲究实用性、技术性，现代建筑设计更加强调融合经济、人文、艺术、科技等因素，其设计作品更具有系统性和全面性。如企业商业性建筑的设计，首先在设计上除了考虑如何实现最大化的空间实用性，设计构思中还要植入企业所属行业的特征、所属时代的特征以及所属城市环境等，在保持整体统一性的基础上突显设计上的个性；其次是"以人为本"的设计构思，这一点实际上是对传统设计特点中实用性特点的升华，更为人性化的创新构思满足发展中不断更新的人类实际需要。如人们对于健康的需求，要求建筑设计对建筑材料的考量；还如人们对于车位的需求以及进出车辆与行人安全的需求，要求建筑设计在空间维度上的考量。建筑设计对于采光、观景角度等的考量比重也日渐提高。

2. 建筑设计手段

现代建筑设计是基于计算机科技手段上的设计，相较于传统纸笔作图的设计手段，通过计算机自动加工数字软件和模拟三维设计技术，在设计效率、设计质量和设计水平上都得到了很大的提升。尽管如此，传统的设计手段是不应该就此被抛弃，机械的计算虽然精准但是缺少了感性的融入，纸笔作图虽然是低效率的、无立体感的，但是要知道纸笔作图通过大脑思维与双手操作过程融入了设计者感性的思考，设计灵感也许就在这笔的一起一落间迸发。

（三）传统与现代建筑设计构思理念的反思与继承性创新

传统建筑设计受到经验论和规范论的局限性较大，固定的模式和范围限制了设计者的自主创新，久而久之造成了构思创新源泉的枯竭，现代建筑设计则是以倡导思变、突破为构思宗旨。现代建筑设计注重的是在对建筑理论的继承和反思中寻求灵感的突破口，跳出重复性和习惯性思维定式以及设计理念的刻板印象定式。首先是建筑设计思想理念的继承，我国传统建筑水平曾经一直领先于西方国家，并且在建筑技术上也绝不逊色于其他国家，这一点完全可以证明传统的建筑设计有其继承学习的价值。如"天人合一"的思想理念、中庸的思想理念，正是以这些设计理念为基础的设计构思创造了我国古代建筑辉煌的历史成就，成为后世的标榜。其次是建筑设计思想理念的反思，当代我国建筑设计与西方国家的建筑设计相比存在一定的差距，缩小这种差距的方式方法绝对不是盲目地崇拜。借鉴性的学习是有必要的，但在反思中寻求新的设计方向也是必要的。

（四）现代建筑设计创新构思的思路

1. 科学技术与建筑设计的结合

（1）数字技术在设计手段上的体现。作为新锐的建筑师，佛兰克·盖里运用电脑扫描将模型数据转化为施工图纸，再将它分解为每一块工程制作的铁合金外墙板，最终完成了毕尔巴鄂古根海姆美术馆的设计与建设。可见，数字技术可以并且应该更多地应用于现代建筑设计中，创造性地将数字技术与建筑相结合。数字化科学技术的运用在传统建筑设计时代是根本无法想象的，但是在当今这个科学技术飞速发展的时代，设计者应该大胆地尝试，用科技的力量丰富建筑设计。

（2）科技在建筑设计产品中的体现。现代建筑设计向智能建筑发展，简单地说就是利用现代科学技术，如智能计算机、多媒体现代通信技术、智能安保系统、智能环境监控系统、智能机器人等现代科技融入建筑功能性中，设计安全、高效、舒适、便利的建筑空间。在建筑设计中尽可能地利用自然光、冷、热、大气等因素，通过环境监督调控技术实现建筑空间内温度、湿度的自动调节从而减少能源消耗，同时创造更人性的活动环境；再比如建筑空间内的安保监测智能化，不留死角的全方位监测以及危机报警机制的系统设置。智能化建筑虽然在投入成本上要高于普通建筑，但是随着科技的不断发展，智能建筑设计将成为趋势及主流。

2. 现代建筑设计与城市人文建设相结合

建筑不仅仅是存在于物质形态上使用的载体，某种意义上，建筑更是文化和精神形态的艺术观赏的载体，同时建筑设计不是封闭孤立的，建筑的存在是时间与空间、经济与社会、人与环境等诸多方面的统一综合的载体。首先，作为艺术观赏的载体，建筑艺术必须具备一定的视觉冲击力和内涵表现力。如市政建筑往往是一个城市的精神文化的象征，也是市民自豪感的来源。新美学意象与现代建筑设计理念结合进行创新构思，实现建筑对公众精神、城市精神以及聚合力连接的作用。其次，作为统一综合的载体，建筑设计需要将外部对设计构思产生影响的因素考虑其中，使得最终的建筑产品在内在功能和外部环境都达到一个统一和谐的逻辑规律。将建筑设计与城市发展相结合，是现代建筑设计对于城市人文以及自然环境的尊重和认同。

3. 基于实践超越性创新

首先是建筑设计要遵循实践性原则，现代建筑设计创新构思的基础必然离不开实践，正所谓"实践是检验真理的唯一标准"。其次是在已有实践产品基础上的超越性创新。灵感是人们在构思探索过程中受某种机缘的启发,是可遇不可求的产物,但是建筑设计灵感不是凭空产生,也就是说想象力是基于渊博的学识和丰富的经验的基础上,借助感性的思维进行创造性的创作,大多数个性化建筑设计的灵感来源于已存在的产品上,对原有的思维、知识结构、各种信息等进行重新组合从而形成新的设计构思。以比较熟知的对象为基础进行创新构思,也是一种超越性的创新理念。

现代建筑建设作为城市建设最为重要的环节,作为人类文明建设及文化发展最为重要的组成部分,在进行现代建筑设计构思时,应当充分将建筑的实用性与科技性及艺术性相结合,培养创新精神并勇于开拓创新。尤其进入数字化、信息化的科技时代,建筑设计构思一定要具备时代特征,记录这个时代的存在并能体现一个时代的变迁历史。现代建筑设计在继承传统建筑精华的同时,也要勇于打破传统观念的桎梏,对传统思维及理论进行反思,进行现代建筑设计的思想、理论等多方面创新构思建设。在当今以及未来的建筑设计中应更加注重建筑设计的个性化,当然,这种个性化是基于整体发展形势下的和谐统一的个性化,赋予设计者一定的创新构思空间。

二、现代建筑设计的理念

（一）现代建筑设计的基本理念

1. 住宅建筑主题的确定

在对住宅建筑进行设计思路的构思时，首先，应该考虑到满足人们的居住需求，在功能性方面达到标准。因为住宅建筑是为人们提供工作和休息的场所，所以应该充分考虑到人的感受，这是主体因素。在确定了主体因素之后，再综合考虑其他方面，从平面、立面、布线以及景观等多个角度全面考虑。其次，还应该对建筑的经济性进行考虑，经济指标既决定了建筑设计所需要花费的成本，同时还决定了舒适度的设计，只有在资金充足的情况下，才能够最大限度地满足舒适度的标准。

2. 住宅建筑外观的打造

每个建筑的设计都有其自身特有的风格，但是建筑并不是单一存在的，往往都是以群体的形式出现，所以在对建筑设计的过程中，要充分地考虑到与周围建筑的搭配，以及与自然景观的协调性。在建筑的材料选择、色彩的使用、造型的设计以及风格的表现方面等，都要在满足大环境的条件下进行设计。在外观的表现方面，注重对人文精神、文化特色以及主体元素的彰显，从现代人的审美观出发，既要和周围的自然环境与建筑相协调，还要表现出建筑特有的风格。

3. 住宅建筑合理、实用的功能

（1）平面方案的合理分区

客厅：客厅是人们在家庭生活中重要的活动场所，所以在设计时要尽量保证客厅的有效面积，提高利用率。尽量地减少走道的面积，增加可活动的空间，满足家庭成员的不同生活需求。

卧室：卧室是休息的主要场所，所以要保证卧室的通风与采光，卧室的布置要根据家具的尺寸，充分满足休息的需求。

厨房：对于厨房的设计主要是考虑到管线的铺设，各种仪表的位置，空间的大小以能够满足生活需求为主，此外还要满足防爆防火要求。

卫生间：对于卫生间的设计主要应该考虑到给排水管道的布设，需要对空间进行合理的设计。现代社会对于卫生间的设计要求越来越高，所以在空间设计上应该考虑到以后改造的需求。

书房、健身房：有条件的住宅，可以考虑书房和健身房的设计，主要是考虑采光与通风的需求。

（2）平面方案的质量功能

采光：不同地区应该按所在气候分区满足日照要求。住宅平面布置间距一定要通过计算，避免无直接采光住宅的户型。在北方寒冷和严寒地区尤为重要，还应该避免光污染和房间视线干扰的产生。

通风：尽量采用自然通风的住宅户型。在不能满足直接通风的住宅户型中，应该考虑侧向通风，防止局部死角造成的通风不畅。卫生间应尽量考虑自然通风，并按规范设计通风道。

（3）平面方案的设备功能

完善的住宅设计必须有好的设备配套。包括给排水、采暖、供电、电视、电话、网络、门禁等设施。其中弱电智能（网络、通信、保安、服务系统）住宅建筑在设计时必须考虑将居住、休息、交通管理、通信、文化、公共服务等复杂的要求结合起来，以计算机网络为基础，把各种变化因素考虑进去进行设计，以提高居民的生活质量和品质。

（4）公共设备系统

在总体因素上，要有完善的公共设施系统如变电所、水泵加压房、交换站（锅炉房）、消防控制室、燃气调压站等，还应该考虑数据交换站、保安监控室的合理布置。现代的住宅建筑中物业服务会所也是必须考虑的重要因素。

（二）住宅建筑设计中的主要问题分析

1. 采用错层式问题

对于面积较小的住宅应该尽量避免使用错层，因为错层会因为踏板的设计而浪费掉一定的空间面积，而且还会使本来就小的住宅空间显得更加局促。此外在地震区避免使用错层，建筑规范中提到，对于地震区的住宅，为了保证建筑的结构稳定，对建筑的设计要尽量采用对称结构，避免不规则布局。

2. 跃层的选用问题

跃层的结构设计在近些年来的住宅建筑中比较常见，主要是在独户式的一层住宅中采用垂直楼梯的形式，这种设计在功能上并没有多大的意义，主要是为了体现房间的气派和变化。但是对于有老人和小孩居住的情况下，要慎重选择，并且对于面积较小的住宅也不建议使用。

3. 厨房和卫生间问题

厨卫管线布置缺乏协调。由于目前国家在厨、卫管线布局等方面没有严格的统一标准，造成各工种各自为政，各种管道的配置任意性大，各专业过分强调本身的特点，而不是服从使用功能，考虑放置设备及装修的要求。特别是煤气管任意穿行厨房，给厨房布置橱柜造成困难。部分小面积住宅卫生间比例偏大。

（三）改善住宅建筑设计中问题的措施

针对住宅建筑存在的问题，根据实践经验住宅建筑设计采用如下方法，可使住宅建筑更适合于居住。

1. 套型的功能空间分离

在住宅建筑中，能够体现居住水平的就是功能分区的专用度，专用度越高，功能的质量也就越高。所以在对功能空间进行设计的过程中，要将私密空间和公共空间有效地分隔，注重各个功能区的专用度，将卧室、起居、用餐、学习、娱乐等各个功能区单独设置，在面积允许的条件下，还可以设计出其他满足生活需求的空间，提高居住的舒适度和水平。

2. 平面布局的多元性、变异性和差异性

居住者层次不同，审美意向和价值取向不同，家庭结构各异，对住宅的要求就不同，同一居住者不同时期对空间的使用也有不同的要求与选择。因此，在住宅建筑设计时，除了提供丰富多样的套型平面，同时也要求住宅的平面布局能适应这种变异性和差异性。"部分灵活"的单元大开间，虽有固定的厨房、卫生间、入口和单元的形状，但可划分成不同的平面布局，满

足不同层次的需要。

3. 厨、卫布局完善合理

对厨房的设计在考虑满足操作流程的空间之外，要对厨房中必要的设备，比如微波炉、电饭煲等设置合理的位置，一般厨房的台面都会采用 L 形或者是 H 形。在对卫生间设计时，应该和住宅的整体面积相协调，对于坐便器、浴缸等都留出合理的空间。盥洗室分设后，上部空间可设吊柜，也可与厨房入口结合，留出一个完整的墙面作为用餐空间。

住宅建筑的设计风格能够充分反映出一个时代的特征，是时代的缩影，从建筑的设计风格，可以体现出一个时期的政治、经济以为文化特征。这些都是外在的展现，但是最基本的设计还应该充分满足人的居住需求，以人为本，在建筑的通风、采光全部达标的情况下，再考虑外观的设计。这就要求设计师不仅要有专业的理论知识，还要具有丰富的经验，并且掌握国际先进的设计理念，结合我国建筑的实际情况，不断地进行创新。在设计实践中不断地完善，才能够打造出高品质、舒适度好的居住环境。

第四节　现代建筑设计流派与美学规律

一、现代建筑设计流派

美国建筑自后现代主义诞生以来呈现出多样化的局面。后现代主义在 20 世纪 70 年代后期和 80 年代主导美国建筑界。与此同时，一批中青年建筑师不满后现代主义建筑观念和建筑形式，逐渐形成一种松散的反后现代主义建筑的"联盟"，在这个联盟中有几位建筑师在建筑理论，尤其是建筑形式上的探索有某种相似性，从而在建筑论坛、评论和形式探索上形成核心，这个核心就是后来被人们称之为解构建筑师的几位主要人物，其中旗帜最为鲜明的就是艾森曼和屈米，这两位建筑师以德里达的解构哲学作为自己设计创作和形式探索的理论武器。1988 年 10 月，纽约现代艺术馆推出"解构七人展"。这七人是艾森曼、屈米、盖里、李布斯金、库哈斯、哈蒂德和蓝天合作社。但不久，解构建筑就走向没落，七人联盟中除了艾森曼和屈米大力推销解构主义建筑，其余五人的实践与创作和解构再无联系了。

除了解构主义建筑的探索，美国建筑界还有一批具有鲜明个性，对建筑进行创造性活动，对建筑的材料、地方性和技术等问题进行独立思考的建筑师。我们可以将其分为几大类，下面分别对它们做简单介绍。

（一）圣莫尼卡学派

圣莫尼卡学派的名称取自南加州洛杉矶市的圣莫尼卡区，该区十分富裕，其中居住着大批影视和演艺界人士以及各娱乐公司人士。在这个区内还居住着一批今日在美国建筑界极有影响的建筑师，他们大都是中年建筑师，成名时较为年轻。这些建筑师中最著名的要数盖里、摩菲斯集团的梅内、莫斯和法兰克·伊斯列等。盖里是这批建筑师中最有名也是最年长的，盖里也被选入"解构七人展"，盖里的创作是极其丰富也是极有特色的，他一直处于建筑探索的前沿，因而被归入主流派。盖里之所以被归入圣莫尼卡学派且被尊为始祖，是因为在他的早期建筑中表现出所有圣莫尼卡学派建筑的风格。那么什么是圣莫尼卡风格呢？这主要体现在材料的选择及使用和组合方式以及对结构的形式美和构造联结方式上。由于南加州气候温暖，雨水较少，因此圣莫尼卡学派使用的材料大多是些不耐久的、经常可更换的、便宜轻质的材料，例如波纹板、胶合板、缆索、玻璃、塑料、铁丝网和混凝土的砌块。联结手法通常是简单暴露构件和结点，而且各种结点和部件表面上看比较轻盈甚至脆弱。其建筑形式有时甚至给人一种简易棚的感觉。

（二）机器建筑学派

与圣莫尼卡学派在设计思想和建筑造型上有些相似的是"机器建筑学派"。1986 年经过数年建筑实践，6 位青年建筑师德纳里、克吕格尔、卡普兰、肖勒、普福和琼斯在长岛一家艺术展廊举办了建筑作品展，展览的主题是机器化的建筑。次年《建筑与机器》的小册子出版了，从此，德纳里为建筑界重视。德纳里等人的建筑形式使用机器造型、机器构件、原理和制动装置。德纳里的"东京国际论坛大赛"获奖作品充分体现了"机器建筑"的内涵和意义。这件作品的形式是根据宇宙航行器、直升机、飞机、船这些空中或浮在海上的机器来构造的。霍尔特、欣韶、普福和琼斯数年来做着与德纳里相似的工作，只不过少些航行器的形象，多一些工厂和机械形象。琼斯设计了洛杉矶冷却工厂并于 1995 年落成，这是机器建筑派不多的作品之一，为同道们所称赞，为实验建筑的探索者所欢呼。

（三）建筑现象学派

建筑现象学派的主要代表人物为哥伦比亚大学教授斯蒂文·霍尔，霍尔一直做着美国建筑传统的研究，并将从传统中获得的精神注入当代设计中。霍尔的作品揭示了环境和场所的内在精神，使人领悟人生真正美好的事物，这种境界的获得与他采用的现象学思想方法是分不开的。霍尔的设计思想包括对场所和感知的重视。他认为设计思想和概念是在感受到场所时孕育的，在一个将建筑与场所完美地结合起来的作品中，人类可以体会到场所的意义、自然环境的意味、人类生活的真实情景和感受。这样，人们感受到的"经验"就超越了建筑的形式美，从而建筑与场所就现象学地联系在了一起。受法国现象学派哲学家梅罗·庞蒂的影响，霍尔的研究范畴从"场所"转向对建筑感知和经验的重视。他认为对建筑的亲身感受和具体的经验与感知是建筑设计的源泉，同时也是建筑最终要获得的。这有两个层次，一是强调建筑师个人对建筑的真实感知，通过建筑师个人独特的经历去领悟世间美好真实的事物。二是在此基础上试图在建筑中创造出一种使人能够亲身体会或引导人们对世界进行感受的契机。为达到真实地体验世界的目的，人们需抛弃常规和世俗的概念，回归个人的心智。霍尔的代表作品有玛撒蔓园宅、"杂交建筑"、福冈纳克索斯公寓等，这些作品都表现了他的建筑现象学思想。

（四）建筑乌托邦

伍茨是美国建筑界的奇才，若干年来他展示了一系列新乌托邦城市和建筑作品。他的作品大都是些地上或地下由金属材料和钢建造的巨型结构，其形象犹如科幻电影中的形象，有一种震撼人心的力量。他的作品到目前为止是不可建造的，基本上是由黑白或彩色铅笔绘制的表现图。他认为在今日的世界中人们必须寻找新的方法来组织空间，必须重建世界以便彻底地定居。他喜爱使用现代技术、结构、材料和知识来创造具有科幻性的建筑作品。在他的代表作品"空中巴黎"中，他运用新工程学知识，如表面张力、空气动力、磁悬浮的磁场空间、宇航技术中的太空舱，在巴黎上空构想出各种奇异的悬浮建筑物。

（五）叙述性建筑

另一位新世界的创造者是库帕联盟建筑学院院长海扎克。海扎克是20世纪60年代至今一直对建筑设计，形式语言和建筑教育有着重大影响的极少数人物中的一位。拜茨基在《破坏了的完美》一书中将海扎克与盖里、文丘里、艾森曼称之为当代建筑的"四教父"。海扎克将建筑作为语言来探索，但他较少关注语言的形式特征，而对创造和体验建筑中内在的"叙述性"特征感兴趣。他认为空间是被人生活、经历和感受的生活形式，功能则是用讲述故事来体现的。他的设计活动使人们认识到在创造世界的同时应将人包括在内。他的作品表现了现代技术是与人类使用它的方式，与人类运用技术进行探索世界的活动和技术手段中的生活情趣相关的，每种建筑技术设备的应用都与一种生活方式和人类在世界中生存的态度相关。他使用建筑技术具有一种超脱、质朴和童稚的气质，常将人带回到原始、纯真的境界中。这与他将设计和"故事讲述"相联系有关，也与前文字社会中的智者口传历史、故事神话的传授者的性质有着某种相似，是与社会、历史和文化中的根紧密相关的。他的设计通过强调建筑的"叙述性质"而与社会和文化的深层结构联系起来并创造了一种新世界。在这个世界中，建筑的创造是最为本质的社会活动，建筑师则是"故事讲授者"，与早期社会萨满的作用相似。这样，建筑师就不仅是空间实体和技术的构造者，而且是创造生活并为生活提供历史、文化和神化的"智者"。

在《美杜萨之首》（*Mask of Medusa*）这部重要著作中，

海扎克提出了"假面舞会"的概念。假面舞会中的"人物"的特点是他既是表演者又是观者,是社会活动的执行者与参与者。海扎克用此概念来表达他关于建筑和城市的思想,即"舞会"的参与者（建筑）揭示了建筑能够创造潜在的活动和所起的作用。舞会中的这些"假面具"是建筑片段的集合:塔、墙、圆锥体、圆柱体、角锥等,这些片段或要素飘浮在一个均质的场所中,它们无法按传统的功能、尺度和文脉分类。在"柏林假面具"方案中,他将柏林城拆散,代之以小型社团,而社团居民的组成是由不同的建筑来限定的。不同的建筑既代表着其中的居民,也为居民提供居住的场所,这样,居住与建筑的内在一致性是由与社会活动相关的建筑来保证的。

海扎克的作品是神话意义的方案,具有神秘的特质,这些方案是为可能存在于过去、存在于现在,或是将来出现的世界提供的。其中的形象引入联想,使人回忆起记忆深处某种似曾相识的形象,为人们提供了一种观看世界的方式。

二、现代建筑设计美学规律

现代建筑设计不仅需要满足民众基本的住房需求,并且需要关注其心理层次的审美需求,应当运用多种创新元素,在开展房屋建筑类型的工程项目时，大范围应用美学原理和美学规律。房屋建筑设计的审美设计，不仅体现在外部房屋结构的美观，也体现在房屋建筑内部结构的完整和谐。普通类型的居民住宅楼设计以及商业板块的楼层建筑设计都会应用到美学规律，在保障房屋建筑安全稳定的基础上，进行更加优良精确的外部审美设计。

（一）房屋建筑设计注重美学规律的原因

1. 满足目前文化传承发展的需要

中国历史文化传承悠久，我国古代人民的房屋建筑设计便开始注重平衡对称、内部构造完整等审美体验。且中国土地幅员辽阔，各个地区的房屋建筑特色都各有差异，其中内在蕴含着的美学规律也各有不同。如我国山西地区，受到黄土高原的高坡地形限制，民众性格较为开朗，房屋建筑设计亦更加注重开放美，传统的窑洞式建筑设计能够充分体现这一地区民众的审美规律。而我国江南地区的建筑则呈现出明显的"含蓄美"特征，如苏州园林典型的回廊设计。现如今，在进行房屋设计时，规划工作人员更加注重将美学规律应用和融入建筑中，这能够使民众享受到更加优越的居住环境。

2. 满足民众精神方面的居住需求

房屋建筑在民众实际生活中，处于必不可缺的关键地位，而居住环境是否优良，亦会对对民众的身体健康造成相应影响。现如今，民众更加注重房屋建筑设计的体验感和空间感，符合审美规律的房屋设计会更加受到购买者的青睐。在山西地区民众的实际生活当中，此种符合其审美规律的房屋建筑设计，能够使当地人民从外形结构和房屋内部构造两个方面，有着美的体验和感受，并且窑洞式建筑有着稳定、可靠的特征，能够满足民众精神方面的居住需求。通过对房屋建筑当中运用美学规律的趋势进行分析探究，去更好地满足民众在房屋建筑方面的精神需求。

（二）美学规律在房屋建筑设计中的实际意义

1. 房屋建筑的美观性

在房屋建筑的规划设计阶段科学合理地应用美学规律，可以增强建筑物的可观赏性。内部空间结构的塑造以及建筑物外部空间色彩的合理布置等要素，都会直接影响建筑房屋设计的美观性。近年来，我国城市各个方面发展速度极快，房屋建筑领域的理念以及美学规律的发展应用也随着我国民众主体观念的认识深度在逐渐发生改变，并且其内涵与外延也在不断拓展。

设计精确的房屋建筑有效融合了商业酒店等娱乐建筑以及房屋住宅类型建筑的多项功能，若想在整体层面促进此类型功能的和谐统一，必须在建筑设计初期便与规划人员进行沟通，综合应用房屋建筑设计的美学规律。

2. 充分体现房屋建筑的地域性特征

现代美学理念为我国房屋建筑设计提出了以人为本的发展观念，并且需要结合国家方针政策，秉持着科学发展观的内核去进行房屋建筑设计。受到不同地区经济发展水平以及地理自然条件的影响，我国不同地区的建筑风格各自呈现出鲜明的特色，在把握和应用建筑美学规律时，应当充分考虑地域文化色彩。将不同地区民众的精神需求与图案图形设计等进行密切结合，融入更多地域文化元素，保障不同地区房屋建筑拥有各自的特色。同时增强不同区域房屋建筑的审美效果，提升我国各个地区房屋建筑的艺术视觉体验感。

（三）美学规律在房屋建筑设计应用中应当注意的问题

1. 不同地域房屋建筑的差异

地域文化色彩十分明显是我国房屋建筑的重要特征之一，中西方房屋建筑设计方面也表现出十分明显的差异。我国国土面积辽阔，不同地区气候气象条件等基础状况有着明显差异，如山西和陕西地区的窑洞式建筑，以及湖南土家族等地区的吊脚楼建筑便带有明显的地域文化色彩。此类型房屋建筑的设计必须与当地的地域条件和气候状况结合起来，进行深入的分析与探究。而与我国位置相邻的日本，受到地理位置的影响，位于两个板块的交界地带，地震灾害的发生频率较高，因此，其房屋建筑设计通常采用木质材料。

2. 尊重少数民族地区的文化特色

进入 21 世纪以来，我国西部省市地区的城市化进程在逐渐推进，城市内部的房屋建筑也在逐渐增多，这是新经济环境下，各地区经济实力大幅度提升的明显表现之一。在经济得到发展的基础上，各个地区也便开始了大型工程项目的建设，但是多数地区的房屋建设缺乏特色，同质化现象严重，规划建筑人员也未能准确应用美学规律，存在着较为严重的模仿设计现象。例如，对原本的自有房屋进行拆除，其中包括四合院，窑洞式建筑以及吊脚楼，并且拆除之后在原地基上建立了形式较为简单的高层建筑，难以使民众真正感受到不同类型建筑带来的审美体验。

（四）美学规律在房屋建筑设计中应当注意的问题

1. 凸显建筑主题

房屋建筑的色彩应当与此类型建筑物的重点功能进行密切配合，如居住类型建筑，在进行规划设计时，便需要重视其是否能够做到简洁美观、稳重舒适，满足人民群众休息时的放松需求。目前，我国大多数建筑物并非只有使用功能，但是，群众已经将关注点逐步转移到建筑物的外部装饰环境，并没有局限于考虑其内部结构。娱乐类型的建筑则应当重点考虑民众的娱乐需求，并且需要在外观规划设计的过程中，应用美学规律，打造足以吸引民众前来消费的色彩视觉效果，凸显此类型建筑的主题。

2. 美化主体建筑物和城市环境

建筑物造型能够在一定层面上美化和改造当地的城市环境，完美的色彩搭配又能够为房屋建筑规划设计作出有效贡献。色彩与造型的和谐统一，能够使得建筑物的外观特征塑造得更加良好。如我国多数城市都逐渐配备的万达广场，精确的建筑设计能够提升城市的整体美观度。除此之外，色彩信息能够在一定程度上弥补建筑物外观设计的缺陷，冷色调与暖色调的搭配使用可以使建筑物比例更加协调，在为民众带来更加良好视觉体验的同时，起到美化城市、环境的效果。

　　房屋建筑设计是一项较为长期的建筑类型工程，美学规律的应用，更是应当在工程项目的图纸设计阶段得到重视，相关的规划设计人员需要充分了解房屋建筑设计的审美规律和审美体验，对其实质内涵和可能对房屋设计产生的影响形成深刻而确切的认识。除此之外，美学规律的应用需要结合不同地区和民族的特色，因地制宜，与开展房屋建筑活动地区的风格进行密切而有效的融合，从而设计出符合当地人民群众审美需求的房屋建筑。

第二章 建筑设计原理

第一节 高层建筑设计原理

当前，我国的高层建筑外部造型设计多以追求建筑形象的新、奇、特为目标，每栋高层建筑都想表现自己，突出自我。这样做的结果只能使整个城市显得纷繁无序和生硬，建筑个体外部体量失衡，缺乏亲近感，拒人于千里之外。造成这种现象的主要原因是缺乏对高层建筑的外部尺度的仔细推敲，因此，对高层建筑的外部尺度的研究是很有必要的。

所谓的尺度就是在不同空间范围内，建筑的整体及各构成要素使人产生的感觉，是建筑物的整体或局部给人的大小印象与其真实大小之间的关系问题。它包括建筑形体的长度、宽度、整体与城市、整体与整体、整体与部分、部分与部分之间的比例关系，对行为主体产生的心理影响。尺度的确难以把握，因为它不同于日常生活用品，日常生活用品很容易根据经验做出正确的判断，其主要原因有：一是高层建筑物的体量巨大，远远超出人的尺度。二是高层建筑物不同于日常用品，在建筑中有许多要素不是单纯根据功能这一方面的因素来决定它们的大小和尺寸的。例如，门本来略高于人的尺度就可以了。但是有的门出于别的考虑设计得很高，这些都会给辨认尺度带来困难。设计高层建筑时，不能只是单单重视建筑本身的立面造型的创造，而应该以人的尺度为参考系数，充分考虑人观察视点、视距、视角和高层建筑使用亲近度，从宏观的城市环境到微观的材料质感的设计都要创造良好的尺度感。可以把高层建筑的外部尺度分为五种：城市尺度、整体尺度、街道尺度、近人尺度和细部尺度。

一、高层建筑设计中的外部尺度

（一）城市尺度

高层建筑是一座城市的有机组成部分，因其体量巨大，高度很大，是城市的重要景点，对城市产生着重大的影响。从对城市整体影响的角度来看，表现在高层建筑对城市天际轮廓线的影响，城市的天际轮廓线有实、虚之分，实的天际线即是建筑物的轮廓，虚的天际线是建筑物顶部之间连接的光滑曲线。

高层建筑在城市天际线创造中起着重要的作用，因为城市的天际轮廓线从一个城市很远的地方就可以看见，也是一座城市给人的第一印象。因此，高层建筑尺度的确定应与整个城市的尺度相一致，而不能脱离城市。自我夸耀，唯我独尊，不利于优美、良好天际线的形成，直接影响到城市景观。高层建筑对城市局部或部分产生的影响，是指从室内比较开阔的地方。因此，城市天际轮廓线不仅影响人从城市外围看的景观，也直接影响到市内居民的生活与视觉观赏。高层建筑对城市各构成要素也产生重大的影响，如高层建筑的位置、高度的确定。也应充分地考虑该城市尺度、传统文化，不适当的尺度会对城市产生不良的影响，改变了城市传统的历史文化，也改变了原来城市各构成要素之间有机协调的比例关系。

（二）整体尺度

整体尺度是指高层建筑各构成部分，如裙房、主体和顶部等主要体块之间的相互关系及给人的感觉。整体尺度是设计师十分注重的，关于建筑的整体尺度的均衡理论有许多种，但都强调整体尺度均衡的重要性。面对一栋建筑物时，人的本能渴望是能把握该栋建筑物的秩序或规律，如果做到这一点，就会认为这一建筑物容易理解和掌握，若不能做到这一点，人对该建筑物的感知就会是一些毫无意义的混乱和不安。因此，对建筑物的整体尺度的把握是十分重要的，在设计时要注意下面两点：

各部分尺度比例的协调。高层建筑一般由三个部分组成的——裙房、主体和顶部，也有些建筑在设计中加入了活跃元素，以使整栋建筑造型生动活跃起来。一座造型美的高层建筑能够很好地处理这几个部分之间的尺度关系，而这三个部分尺度的确定，应有一个统一的尺度参考系（如把建筑的一层或几层的高度作为参考系），不能每一部分的尺度参考系都不同，这样易使整个建筑含糊、难以把握。

高层建筑中各部分细部尺度应有层次性。高层建筑各部分细部尺度的划分是建立在整体尺度的基础上的。各个主要部分应有更细的划分，尺度具有等级性，才能使各个部分造型构成丰富。尺度等级最高部分为高层建筑的某一整个部分（裙房、主体和顶部），最低部分通常采用层高、开间的尺寸、窗户和阳台等这些为人们所熟知的尺寸，使人们观察该建筑时很容易把握该部分的尺度大小。一般在最高和最低等级之间还有1~2个尺度等级，也不宜过多，太多易使建筑造型复杂而难以把握。

（三）街道尺度

街道尺度是指高层建筑临街面的尺度对街道行人的视觉影响。这是人对高层建筑近距离的感知，也是高层建筑设计中重要的一环。邻近街道的高层建筑部分的尺度确定，主要考虑到街道行人的舒适度，高层建筑主体因为尺度过大，容易向后退，使底层的裙房置于沿街部分，减少了高层建筑对街道的压迫感。例如，上海南京路两边的高层建筑置于后面，裙房置于前使两侧的建筑高度与街道的宽度的比例为 1∶12，形成良好的购物环境。为了保持街道空间及视觉的连续性，高层建筑临街面应与沿街的其他建筑相一致，宜有所呼应。如在新加坡老区和改建后的一条干道的两侧，为了不让人感到新区高层和老区低层截然分开，沿新区一侧建了和老区房屋高度相同、让人感到舒适的裙房，高层稍后退，形成效果良好的对话关系。

（四）近人尺度

近人尺度是指高层建筑最低部分及建筑物的出入口的尺寸给人的感觉。这部分经常为使用者所接触，也容易被人们仔细观察，也是人们对建筑直接感触的重要部分。其尺度设计应以人的尺度为参考系，不宜过大或过小，过大易使建筑缺少亲近性，过小则减小了建筑的尺度感，使建筑犹如玩具。

在近人尺度处理中，应特别注意建筑底层及入口的柱子、墙面的尺度划分，檐口、门、窗及装饰的处理，使其尺度感比以上几个部分更细。对入口部分及建筑周边空间加以限定，创造一个由街道到建筑的过渡缓冲的空间，使人的心理有一个逐渐变化的过程。如上海图书馆门前采用柱廊的形式，使出入馆的人有一个过渡区，这样使建筑更加具有亲人性。

（五）细部尺度

细部尺度是指高层建筑更细的尺度，它主要是指材料的质感。在生活中，有的事物我们喜欢触摸，有的事物我们不喜欢触摸。我们通过用"美妙"或"可怕"来对这些事物作出反应，形成人的视觉质感。建筑设计师在设计过程中要充分运用不同材料的质感，来塑造建筑物。吸引人们亲手去触摸或至少引起我们眼睛的亲近感，换言之，通过质感产生一种视觉上优美的感觉。勒柯布西埃在拉托尔提建造的修道院是运用或者确切地说是留下大自然"印下"的质感的优秀典范，这里的质感，也就是用斜撑制作在混凝土上留下的木纹。

二、高层建筑外部尺度设计的原则

（一）建筑与城市环境在尺度上的统一

注意高层建筑布置对城市轮廓线的影响，因为在城市轮廓线的组织中，起最大作用的是建筑物，特别是高层建筑，所以它的布置应该遵行有机统一的原则进行布置：①高层建筑聚集在一起布置，可以形成城市的"冠"，但为避免其相互干扰，可以采用一系列不同的高度，虽采用相仿高度，但彼此间距适当，组成有关的构图。也可以单栋高层建筑布置在道路转弯处，以丰富行人的视觉观赏。②若高层建筑彼此间毫无关系，随处随地而起不到向心的凝聚感，则不会产生令人满意的和谐整体。③高层建筑的顶部不应雷同或减少雷同，因为这会极大影响轮廓线的优美感。

（二）同一高层建筑形象，尺度要有序

设计高层建筑时，应充分考虑建筑的城市尺度、整体尺度、街道尺度、近人尺度和细部尺度这几个尺度的序列，在某一尺度设计中要遵守尺度的统一性。不能把几种尺度混淆使用，以保证高层建筑物与城市之间、整体与局部之间、局部与局部之间及与人之间保持良好的有机统一。

（三）高层建筑形象在尺度上须有可识别性

高层建筑物要有一些局部形象尺度，能使人把握其整体大小，除此之外，也可用一些屋檐、台阶、柱子和楼梯等来表示建筑物的体量。任意放大或缩小这些习惯的认知尺度部件就会造成错觉，效果就不好。但有时常常要利用这种错觉来获得特殊的效果。

高层建筑的外部尺度影响因素很多，设计师在设计高层建筑中充分地把握各种尺度，结合人的尺度，满足人的使用和观赏的要求，必定能创造出优美的高层建筑外部造型。

第二节　生态建筑设计原理

生态建筑的设计与施工必须建立在保护环境、节约能源、与自然协调发展的前提下。设计人员应在确定建筑地点后，针对施工地点的实际状况因地制宜地开展设计工作，在保证建筑工程质量以及使用寿命的前提下，满足建筑绿色化、节能化与可持续发展的要求。本节对生态建筑做了简单概述，重点对生态建筑设计原理及设计方法进行了分析。

生态建筑是一门基于生态学理论的建筑设计，其设计的主要目的是促进自然生态和谐，减少能源消耗，创建舒适环境，加大资源利用率，营造出适合人与自然和谐共处的生存环境。现如今，生态建筑作为一种新型建筑方式备受人们关注，具有绿色低碳的建筑理念及较高水平的节能环保作用。生态建筑设计的普遍应用顺应时代发展的潮流，符合现代化建设的需求，使建筑归于自然。

生态建筑作为一种新兴事物，综合生态学与建筑学概念，充分结合了现代化与绿色生态建设理念，是典型的可持续发展建筑。在进行生态建筑设计时，需要充分考虑人与自然及建筑的和谐，基于建筑的具体特征，综合分析周边环境，采用生态措施，利用自然因素，建设适于人类生存和发展的建筑环境。提高生态资源的利用率，降低能源的消耗，改善环境污染问题。

一、生态建筑设计原理

（一）自然、生态、和谐

众所周知，建筑工程的施工会对自然造成较大的破坏。在工程竣工及其日后的实际使用中还会继续加大对环境的污染，从而导致生活环境的恶化。所以，在进行生态建设时，我们必须要高度重视建筑设计。严格监控工程施工，把施工中对环境的破坏降到最低，减少对建筑的能源消耗，保护环境。善于利用自然因素，通过对阳光的充分利用，可以降低在施工中对照明设备的使用率，灵活地利用建筑中的水池以及喷水系统充当制冷设备。当然，在开展建筑设计的过程中，要注意预留通风口位置，确保建筑与设备及时通风，保持建筑设计的室内外空气流通。

（二）降低能源消耗

生态建筑是现代化发展的产物，是人类生活必不可少的生存环境，在生态建筑设计中最关键的部分就是节能。生态建筑设计是基于各项设施功能正常运行的情况下，最大程度地减少施工过程中的资源浪费现象，提高资源的利用率。在进行生态建筑设计的过程中，要尽可能地减少无用设计，避免因过度包装产生的浪费现象。有效地利用自然能源，通过对生物能及太阳能等能源的利用来降低能源消耗，避免因能源大规模消耗导致的环境污染。

（三）环境高度舒适

用户的实际居住效果是评判生态建筑是否符合要求的关键。在进行生态建筑设计时，必须要充分满足使用者对建筑舒适度的要求，使设计的建筑不只是没有生命的物体，还可以抒发人们的情怀。因此，在实际的生态建筑设计过程中，必须要以使用者的舒适与健康为主要原则，设计舒适度高且生态健康的建筑。要想创造舒适度高的环境，前提就是保证建筑物各区间功能的高度完整，可以更加方便使用者的生产生活。除此之外，必须充分确保建筑物内的光线充足，保证建筑的内部温度以及空气的湿度适宜人们居住。

二、生态建筑设计方法

（一）材料合理利用的设计方法

生态建筑具有明显的绿色建筑系统机制，通过对旧建筑材料的回收再利用，最大限度地降低材料浪费现象，减小污染物的排放量，符合绿色生态理念。在建筑拆迁中，所产生的木板、钢材、绝缘材料等废旧建筑材料经过一系列处理可供新建筑工程再次利用，在符合设计理念及要求的前提下，科学合理地使用再生建筑材料。可再生材料的应用，可以在一定程度上减轻投资负担，节约建筑成本，避免因过度开采造成的生态问题，把建筑施工对环境的破坏降到最低，营造绿色的生态环境。

（二）高效、零污染的设计方法

高效、零污染是一种节能环保的设计方法。针对生态建筑在节能方面的作用，在充分确保建筑基础功能的情况下，能最大限度地减少材料的使用，提高资源利用率。善于利用自然因素，通过对自然资源的有效使用，来降低矿物资源的使用率。近年来，人们的观念在不断转变，以及新能源在国家的推行，太阳能被广泛应用于建筑之中，人们通过利用太阳能实现降温、加热等目的。还可以通过利用物理知识，实现热传递，保持建筑内的空气流通，从而加大调控室内环境力度，为使用者提供舒适环境的同时达到节能环保的效果。

（三）室内设计生态化的设计方法

在生态建筑理念的影响下，室内设计必须根据资源及能源的消耗，设计出节能环保且比较实用的生态建筑，防止资源的过度消耗。与此同时，还应该控制装饰材料的使用量，规定适宜且合理的装饰所需成本。与此同时，在室内设计过程中还应该添加绿色设计，可以通过种植绿植，来降低空气中的二氧化碳、甲醛等气体的含量，改善空气质量，打造适宜人们居住的环境。绿色设计的加入，还具有装饰效果，可以应用到阳台及庭院的设计中。

（四）结合地区特征科学布局的设计方法

在生态建筑设计过程中，需要充分考虑当地的地区特点及人文特征。建筑设计以建筑周边环境为基础开展生态建设工作，使自然资源得到充分有效的循环运用。在进行生态建筑设计时，需要在保证不破坏周边环境的情况下，设计出具有地域特色的生态建筑。结合天然与人工因素，改善人们的生活环境，控制甚至避免自然环境遭到破坏，营造人与自然和谐共处的生态环境。

（五）灵活多变的设计方法

灵活多变的设计方法是生态建筑设计的重要方法。在进行生态建筑设计过程中，如何挑选建筑材料是建筑合理性的重要条件。设计师在进行生态建筑设计时，需要熟知所有建筑材料的使用情况。除此之外，需要对四周环境进行了解，以此为依据选择出最合适的建筑材料，来保证建筑的节能环保效果。加大废旧建筑材料的循环利用，解决耗能问题。为实现生态建设的可持续发展，在选择和利用建筑材料方面有了越来越高的标准，建筑材料的选择与生态建筑设计的各个方面息息相关。如为减少太阳辐射，设计师可以加入窗帘以及水幕等构件，把建筑内部的温度控制在合理范围内，维持空气湿度的平衡，确保所设计的建筑适宜居住，大大降低风扇的使用率，达到节能的效果。

总而言之，只有以自然生态和谐、降低能源消耗和环境高度舒适为根据，采取合理利用材料、高效零污染、生态化室内设计、使用清洁能源和灵活多变的设计方法，才能创造出科学的生态建筑设计。生态建筑设计作为一种新兴事物，顺应新时代发展的潮流。符合生态文明建设的要求，对促进人与自然和谐共处具有积极的促进作用。生态建筑具有的绿色特性，使更多人开始关注绿色技术。生态建筑设计要求以人为本，致力于打造符合各类人群需求的居住环境。

第三节 建筑结构的力学原理

从古时的木屋到如今高楼林立，人们在不断地享受着建筑行业带来的伟大成果。建筑行业的发展离不开一个宗旨，那就是以安全为第一要务。而建筑的结构形式必须满足对应的力学原理，才能保证建筑物的稳固与安全。

建筑行业的发展带动了各大产业链的发展，形成了一个经济圈。可以说建筑行业支撑着我国的经济发展。随着时代的发展，人们对建筑的要求更增加了审美观念、环保理念，不论是美轮美奂的园林式建筑还是朴实无华的民用建筑都离不开力学原理的支撑。安全第一是建筑行业自始至终所坚持的第一要务，这就给建筑工程师和结构工程师提出了技术要求。

一、建筑结构形式的发展过程

我国的建筑结构形式可追溯到前旧石器时代，是建筑业的雏形即构木为巢的草创阶段。随着时间的推移、人类文明的进步，建筑业也在不断地发展创新，由木结构建筑发展到了以砖石结构为主的新阶段。我国的万里长城就是该阶段的最为主要的代表，以砖和石为主要材料，经过千年而不毁，其坚固程度可想而知，被誉为世界八大奇迹之一。随着西方文化的传入，结合我国传统文化、建筑业的发展，迎来了梁、板结构的发展与成熟期，尤其是到了明清时期各类建筑物如雨后春笋般破土而出，各式的园林、佛塔、坛庙，以及宫殿、帝陵纷纷采用了梁和板的结构形式。建筑行业随着人类文明的发展在不断地进行着质的变化，更加推动了人类经济的发展进程。

二、建筑结构形式的分类

（一）根据材料进行分类

在进行工程建筑时，根据所使用的材料不同可将建筑结构分为几类：一是以木材为主的结构形式，即在建筑过程中使用的基本都是木质材料。由于木材本身较轻容易运输、拆装，还能反复使用的特点，使用范围广，如在房屋、桥梁、塔架等中都有使用。近年来，由于胶合木的出现，再次扩大了木制结构的使用范围。在我国许多休闲地产、园林建筑中大多都以木制结构为主。二是混合结构，在进行建筑工程材料配制过程中，承重部分要以砖石为主，楼板、顶板以钢筋混凝土为主，而这种结构大多在农村自家住房建筑中多见。三是以钢筋混凝土为主的结构形式，这种结构形式的建筑承重力比较强，多用于高层建筑。以钢筋混凝土为主的结构形式的承重能力是最强的，适用于超高层的建筑工程。

（二）根据墙体结构进行分类

按照墙体的不同可将建筑结构形式分为四类：主要使用于高楼层、超高楼层建筑中的全剪力墙结构；用于高楼层建筑中的框架—剪力墙结构；使用于超高楼层建筑中的简体结构；主要使用于大空间建筑和大柱网建筑的无梁楼盖结构。

三、建筑结构形式中所运用的力学原理

从建筑业的发展史来看，不管建筑行业的结构形式和设计重心如何变化，不管是以美观为建筑方向，还是以朴实安全为方向，都有一个共同的特点，即保证建筑工程的安全性，在给予人们舒适的生活环境的同时保证人们的生命财产安全。在进行建筑设计时，安全性与力学原理是密不可分的，结构中的支撑体承受着荷载，而外荷载则会产生支座反力。对建筑结构中的每一个墙面都会产生一定的剪力、压轴力、弯矩、扭曲力。而在实际的施工过程中，危险性最强的是弯矩力，当弯矩力作用在墙体上时，所施力量分布并不均匀，会使一部分建筑材料降低功能性，从而影响到整个建筑的安全性，严重的会直接导致建筑物的坍塌。因此，在进行建筑工程规划设计和施工过程中，都要将力学原理运用到位，精细、准确地计算出每面墙体所要承受的作用力。在进行材料选择时，一定要以力学规定为依据，保证所用材料的质量绝对过关。

四、从建筑实例分析力学原理的使用

（一）使用堆砌结构的实例

堆砌结构是最古老也是最常见的一种建筑结构形式，其使用和发展历程对人类的历史文明发挥了不可替代的作用。其中最为著名、最令人惊叹的就是公元前 2690 年左右古埃及国王为了彰显其神的地位所建造起的胡夫金字塔。金字塔高达 146.5 米，底座长约 230 米，斜度为 52 度，塔底面积为 52 900 米^2，该金字塔的塔身使用了近 230 万块石头堆砌而成，每块石头的平均重量都在 2.5 吨左右，最大的石头重约 160 吨。后来经过专业人士的证实，金字塔在建造的过程中没有使用任何的黏着物，均由石头一一堆叠而成。在建筑结构中是最典型的堆砌结构形式，所使用的力学原理就是压应力，使得其经过了数千年的风雨依然屹立不倒。这种只使用压应力原理的建筑结构形式非常简单，是建筑结构发展的基础。

（二）梁板柱结构的使用案例

梁板柱结构使用的主要材料就是木质材料。随着时代的发展，在很多的建筑工程中需要使用弯矩，而石材本身承受拉力的强度过低，因而无法完成建筑任务。由于木质材料其韧性比较强，可以承受一定程度的拉力和压力从而被大面积使用。我国的大部分宫殿、园林建筑都是采用的梁板柱结构形式，如建成于公元 1420 年的故宫，是我国乃至世界保存最完整、规模最宏大的古皇宫建筑群，其建筑结构就是采用梁板柱形式。从门窗到雕梁画栋皆是以木质材料为主，将我国传统的建筑结构形式使用得淋漓尽致。该建筑采用的力学原理是简支梁的受弯方式，但是由于木材本身不耐高温，极易引发火灾，又容易被风化侵蚀，极大地降低了建筑物的使用寿命和安全性。

（三）桁架和网架的使用案例

该结构的形成是随着钢筋水泥混凝土的出现而得到发展的。从力学原理来分析，桁架和网架的结构形式可以减少建筑结构部分材料的弯矩，对于整体弯矩还是没有作用力，在建筑业被称为改良版的梁板柱结构。所承受的弯矩和剪力并没有因为结构形式的变化而产生变化，整体弯矩更是随着建筑物跨度的加大而快速加大。截面受力依旧不均匀，内部构件只承受轴力，而单独构件承载的是均匀的拉压应力。此改变让桁架和网架结构比梁板柱结构更能适应跨度的需求。如北京鸟巢就是运用了桁架和网架的力学原理建造的。

（四）拱壳结构、索膜结构的使用案例

随着社会生产力的不断提高，人们对建筑性质、质量有了更多的需求。随之而来的是建筑难度的不断增加，需要融入更多的力学原理才能满足现代社会对建筑的需求。拱壳结构满足了社会发展对建筑业大跨度空间结构的需求。拱壳结构所运用的是支座水平反力的力学原理，通过对截面产生负弯矩从而抵消荷载产生的正弯矩，能够覆盖更大面积的空间，如1983年日本建成的提篮式拱桥就是运用拱壳结构的力学原理，造型非常美观。但由于荷载具有变异性，制约了更大的跨度，而索膜结构的力学原理更为合理，可将弯矩自动转化成轴向承接力，成为大跨度建筑的首选结构形式。如美国建成的金门悬索桥、日本建成的平户悬索桥都运用了索膜结构的力学原理。

　　建筑结构形式的发展告诉我们，不管使用什么样的建筑形式都需要力学原理的支撑，最终目标都是保证建筑工程的安全性。在新时代背景下发展的建筑结构形式同样离不开力学原理的运用，力学原理是一切建筑的理论与基础。只有科学合理地使用力学原理，才能保证建筑工程的安全性。

第四节 建筑设计的物理原理

本节较为详细地阐述了光学、声学、热学等物理原理知识在建筑中的实际应用。通过分析一些物理现象，例如，利用光在建筑材料上反射的特性，使得室内外的光学环境达到满足人类舒适度的要求；建筑上的声学则要求房间的设计形状要合理并且要选用合适的材料，这样才能较好地保证绝佳的隔音效果，使建筑的性能达到最佳；对建筑物室内的温度来说，墙面、地面或者是桌椅板凳等经常接触的地方，则应该挑选符合皮肤或者四季温度变化的建筑材料，才不至于在外界环境变冷变热时让人感到不适。另外，在建筑物遭受雷击的威胁时，我们可以利用静电场的物理原理（俗称避雷针）来防止建筑物遭受雷击。

物理学是一门基础的自然学科，即物理学是研究自然界的物质结构、物体之间的相互作用和一般运动规律的自然科学。在日常生活中，物理学原理随处可见，如若无法正确地理解这些物理学知识，就无法巧妙地运用这些物理学知识，也不可能自如地运用于建筑中。其实，在建筑设计中，许多看似复杂的问题都能够运用物理原理来解释。建筑学是一门结合土木建设和人文的学科。建筑物理，是建筑学的组成部分。其任务在于提高建筑的质量，为我们创造适宜的工作学习和生活的环境。该学科形成于 20 世纪 30 年代，其分支学科包括：①建筑声学，主要研究建筑声学的基本知识、噪声、吸声材料与建筑隔声、室内音质设计等内容；②建筑光学，主要研究建筑光学的基本知识、天然采光、建筑照面等问题；③建筑热工学，研究气候与热环境、日照、建筑防热、建筑保温等知识。

一、物理光学在建筑中的应用

随着社会对创新型人才的大力需求，我国将培养学生具有创新精神的科研能力作为教育改革方案的重点，物理学原理的应用正需要这种创新精神才能够更好地运用于建筑学中。在生活中，利用太阳能进行采暖就属于物理光学原理在建筑中比较成功的设计。这种设计也有效促进了资源节约型社会的建设，符合社会发展的理念。太阳能资源是一种可持续利用的清洁能源，因其使用成本很低、安全性能高和环保等优点被广泛采用，在现代建筑的能源消耗中占有很大的比例，基本上已经覆盖了大部分地区。

二、物理声学在建筑中的应用

现代生活中，我们无时无刻不在直面建筑，各种商场、办公楼、茶餐厅等，这些建筑的构思与完善大多都运用了物理学原理，当然还有其他技术支持。越高规格的建筑对相关物理现象的要求越苛刻、越精细，比如各个国家著名的体育馆或者歌剧院等，这些地方对建筑声学的要求极为严格，因为这直接影响观众的视觉体验与听觉感受。这些建筑内部采用的建筑装饰材料对整体的声学效果有很大影响。再比如隔音装置，如果一栋建筑内的隔音效果特别差，自然也不会得到青睐。

三、物理热学在建筑中的应用

实践证明了自然光和人工光在建筑中如果得到合理的利用，可以满足人们工作、生活、审美和视力保护等要求。此外，热学在建筑方面的应用，主要考虑建筑物在气候变化和内部环境因素影响下的温度变化。通过建筑规划和设计的相应措施，有效防护或利用室内外环境的热湿作用，合理解决建筑和城市设计中的防热、防潮、保温、节能和生态等问题，以创造舒适的居住环境。正如德国诺贝尔奖得主、科学家玻恩所说的：

"与其说是因为我发表的工作里包含了一个自然现象的发现，

倒不如说是因为那里包含了一个关于自然现象的科学思想方法基础。"①

综上所述，建筑中的物理学原理主要体现在光学、声学以及热学等方面。合理的热学设计能使建筑内部更具舒适感，使建筑本身的价值最大化。在光学方面，足够的自然光照射是必需条件，也就是采光问题，同时建筑内各种灯光的合理设置也是必需的。两者互补才能保证建筑拥有充足的光源。关于声学，这是一个十分重要的因素。许多公共场所对光学和声学的要求很高，所以建筑物理学的应用还是很普遍的。建筑物理学也特别重视从建筑观点研究物理特性和建筑艺术感的统一。

---

① 玻恩.光学原理 [M].北京：科学出版社,1978.

第五节　建筑中地下室防水设计的原理

本节阐述了民用建筑中地下室漏水的主要原因，介绍了民用建筑中地下室防水设计的原理，对民用建筑中地下室防水设计的方法进行了深入探讨。

随着地下空间的开发，地下建筑的规模在不断扩大，地下建筑的功能逐渐增多，同时对地下室的防水要求也随之提高。在地下工程实践中，经常遇到各种防水问题需要解决。

一、民用建筑中地下室漏水的原因

（一）水的渗透作用

一方面，由于民用建筑中的地下室在地面之下，这无疑会使得土壤中的水分以及地下水在一些压力和重力的作用下，逐渐在地下室的建筑外表面聚集，并浸润地下室的建筑表面。当这些水的压力使其穿透地下室建筑结构中的裂缝时，水就开始向地下室渗透，导致地下室漏水。另一方面，由于下雨或者地势低洼等因素造成的地表水在民用建筑地下室的外墙富集，随着时间的推移，在压力的作用和分子的扩散运动作用下，也会使得其对地下室的外墙形成渗漏，久而久之造成地下室漏水。

（二）地下室构筑材料产生裂缝

地下室外四周的围护建筑，绝大多数是钢筋混凝土结构。钢筋混凝土的承压原理来自自身产生的细小裂缝，通过这些微小的形变来抵消作用在钢筋混凝土表面的作用力。但是这种微小的裂缝对于地下室围护建筑而言，是无法防止地下水无处不在的渗透的。另外，由于受到物体热胀冷缩原理的影响，地下室围护建筑中的钢筋混凝土在收缩时会产生收缩裂缝，这是不可避免的。这些裂缝就会变成无孔不入的水进入地下室的通道，造成了地下室渗透漏水。

（三）地下室的结构受到外力发生形变

在地质运动等外力的影响和作用下，地下室的结构会发生形变，其结构遭到破坏，就会失去防水作用，造成漏水。

二、民用建筑中地下室防水设计的原理

通过分析造成民用建筑地下室出现渗水、漏水的现象可知，水的渗透和地下室的裂缝是其漏水的主要原因，因此在对地下室进行防水设计时，就要消除或者是减小这些因素的影响。由于地下室所处的空间位置和地球重力因素的影响，地下室围护建筑表面水分聚集是很难改变的，因此我们需要将对民用建筑地下室防水的重点放在对其附近的水分进行疏导排解以及减少其结构形变和产生的裂缝上。因此，对民用建筑的地下室防水设计就是对地下室建筑表面的水分进行围堵和疏导。所谓"围堵"，首先是在地下室建造的过程中，要对所设计的建筑进行不同层级的分类，并根据国家标准局 2001 年颁发的《地下工程防水技术规范》对民用建筑地下室防水的要求，明确地下室的防水等级，然后再确定其防水构造。因此，其防水设计的原理主要是对地下室主体结构的顶板、地板以及围护外墙采取全包的外防水手段。而"疏导"的主要原理就是通过构筑有效的排水设施，将聚集在地下室建筑外围表面的水进行有效疏导，引出渗透出路，降低渗透压力，从而减轻其对地下室主体建筑的渗透和破坏，并且通过设备将这些水分抽离地下，使其远离地下室的围护建筑。

三、民用建筑中地下室防水设计的方法

（一）合理选用防水材料

就民用建筑而言，最常用的防水材料主要有防水卷材、防水涂料、刚性防水材料和密封胶粘材料四种类型。防水卷材又包括了改性沥青防水卷材和合成高分子卷材两种。一般来说，防水卷材借助胶结材料直接在基层上进行粘贴，其延伸性极好，能够有效预防温度、振动和不均匀沉降等造成的变形现象，整体性极好。同时工厂化生产也可以保证厚度均匀，质量稳定；防水涂料则主要分为有机和无机两种。防水涂料具备较强的可塑性和粘结力，将其在基层上直接进行涂刷，能够形成一层满铺的不透水薄膜，其具备极强的防渗透能力和抗腐蚀能力，且在防水层的整体性、连续性方面都比较好；刚性防水层是指以水泥、砂石为原材料，掺入少量外加剂，抑制或调整孔隙率，改变空隙特征，形成具有一定抗渗能力的水泥砂浆混凝土类防水材料。密封胶粘材料通常由高分子聚合物、填料、增塑剂及固化剂等成分配制而成，通过化学反应或物理作用，在固化后形成坚韧且富有弹性的密封层。

（二）对民用建筑地下室进行分区防水

在民用地下室防水设计的实际工作中，可以采取分区防水的方法进行防水。这种方式主要是根据地下室的形状和结构进行分区隔离，使其形成独立的防水单元，减少水在渗透某一区域后对其他区域的扩散和破坏。比如对于一些超大规格的民用建筑的地下室，可以采取分区隔离的防水策略，以便减少地下室漏水造成的破坏。

（三）使用补偿收缩混凝土以减少裂缝的产生

在民用建筑地下室的防水设计中，可以采取使用补偿收缩混凝土的方式来减少混凝土因为热胀冷缩产生的裂缝，从而有效进行防水。补偿收缩混凝土则会用到膨胀水泥来对其配制，如使用低热微膨胀水泥，常用的有明矾石膨胀水泥以及石膏矾土膨胀水泥等。在民用建筑地下室的实际设计中可以采用UEA-H这种高效低碱明矾石混凝土膨胀剂，它能有效提高民用建筑地下室的抗压强度，且对钢筋没有腐蚀，可以有效减少混凝土产生的裂缝，实现地下室的有效防水。

（四）改善和推进地下室周围的排水工作

在民用建筑地下室的防水设计中，要结合地下室的实际构造和周围的环境，加强对地下室周围的排水工作，将地下室周围的渗水导入预先设置的管沟，随之导向地面的排水沟并将其排出，从而减少渗水对于地下室结构的压力和破坏，实现地下室的有效防水。

（五）细部防水处理

在民用建筑地下室的防水设计中，其周遭的防护都是采用混凝土进行施工的。因此在对混凝土施工过程中，要做好其细部防水的工作。如在穿墙管道施工时，对于单管穿墙要对其进行加焊止水环，而如果是群管穿墙，则必须要在墙体内预埋钢板，如在混凝土中预埋铁件要在端部加焊止水钢板；又如按规范留足钢筋保护层，不可以有负误差，防止水沿接触物渗入防水混凝土中。

综上所述，在民用建筑实际的施工过程中，地下室的规模不断扩大，所占的建筑面积和所需要的空间也不断加大，深度也不断加深，无形之中加大了地下室建筑施工的技术难度，同时也增加了地下室漏水的风险。防水工程是个系统工程，从场地的选址、建筑规划开始就应有相关防水概念贯穿其中，避开不利区域，为建筑防水控制好全局。设计师应在具体设计时合理选用防水措施，控制好细节构造，将可能的渗漏隐患降到最低。施工阶段则要严格按照施工工序，保质保量完成施工任务。

第六节　建筑设计中自然通风的原理

在设计住宅建筑的过程中，设计人员要考虑住宅建筑的设计质量和设计效果。与此同时，也应充分考虑住宅建筑的设计是否具有舒适性。设计人员要以居民为主，设计出较为合理的住宅建筑，这样才能为人们提供更加优越的居住空间。自然通风对人们的生活颇为重要，保证住宅内自然通风，可以有效改善室内的空气质量，让人们的居住环境变得更加温馨，而且实现住宅内自然通风也可以节省能源，并对环境起到一定的保护作用。因此，本节将对住宅建筑设计中自然通风的应用进行深入的研究。

随着人们生活水平的不断提高，人们对建筑物室内的舒适度的要求也越来越严格。建筑物的自然通风效果的好坏会直接影响到人的舒适度。因此，对建筑物自然通风的设计尤为重要。深入对建筑物自然通风设计的思考，剖析建筑物自然通风的原理，使得传统风能相关原理及技术与建筑物的设计相结合，达到建筑物自然通风的最佳化。

一、自然通风的功能

（一）热舒适通风

热舒适通风主要是通过空气的流通加快人体表面的蒸发作用，加快体表的热散失，从而起到降温减湿作用。这种功能与我们夏天吹电风扇的功能类似，但是由于电风扇的风力过大，且风向集中，对于人体来说非常不健康。自然通风通过空气流通的方式可以较为舒缓地加快人体的体温降低，尤其是在潮湿的夏季，热舒适通风不仅可以降低人体的温度，还可以解决体表潮湿的不舒适感。

（二）健康通风

健康通风主要是为了给居民提供健康新鲜的空气。由于建筑物内属于一个相对密封的环境，再加上人类各种活动，导致空气质量较差。或者一些新建的建筑物，所使用的建筑材料中本来就含有较多的有害物质，如果长时间不进行空气流通，就会对居民的健康造成威胁。自然通风具有的健康通风功能，可以有效地将室内的混浊空气定期置换到室外，进而保证室内的空气质量，确保居民的健康。

（三）降温通风

所谓降温通风，就是通过空气流通将建筑物内的高温度空气与室外的低温度空气进行热量的交换。一般来说，在建筑采用降温通风的时候，要结合当地的气候条件以及建筑本身的结构特点进行综合考虑。对于商业类的建筑，过渡季节要充分进行降温通风，而对于住宅类的建筑，在白天应该尽量避免外界的高温空气进入建筑物，而到了晚上可以使用降温通风来降低室内温度，从而减少空调等其他降温设备的能耗。

其特点主要体现在以下几个方面：①室外的风力会对室内的风力造成影响，当两种风力结合在一起后就会促使室内空气的流通，这样就能有效地减少室内空气的排放，达到自然通风的效果。②要想有效实现自然通风，还应考虑热压、风压对自然通风造成的影响，借助外力解决影响自然通风的因素。

二、建筑设计中对自然通风的应用

（一）由热压造成的自然通风

风压和热压是促进自然通风的力量，通常而言，当室内与室外的气压形成差异的时候，气流就会随着这种差异进行流动。

从而实现自然通风，促使室内空气的流通，使得居住者感到舒适。相对于电器的通风，自然通风无疑是更加健康、更加经济、更加舒适的通风方式。有时候通风口的设置对于促进通风也具有重要的作用，有助于加强自然通风的实施效果。影响热压通风的因素有很多，窗孔位置、两窗孔的高差和室内空气密度差都是重要的因素。在建筑设计实施的过程中，使用的方法有很多，如建筑物内部贯穿多层的竖向井洞也是一种重要的方法，通过合理有效的通风方法实现空气的流通，实现建筑隔层空气的流通将热空气通过流通排到室外，达到自然通风，促进空气的交换的效果。较风压式自然通风而言，热压式自然通风对于外部环境的适应性也是很高的。

（二）由风压造成的自然通风

这里所说的风压，是指空气流在受到外物阻挡的情况下产生的静压。当风吹向建筑物的正面时，建筑物的表面会进行阻挡，这股风处在迎风面上，静压自然增高，并且有了正压区的产生。这时气流再向上进行偏转，并且会绕过建筑物的侧面及正面，并在侧面和正面上产生一股局部涡流，这时静压会降低，负压差会形成，而风压就是对建筑背风面以及迎风面压力差的利用，压力差产生作用，室内外空气在它的作用下，压力高的一侧向压力低的一侧进行流动，并且这个压力差和建筑与风的夹角、建筑形式、四周建筑布局等因素关系密切。

（三）风压与热压共同作用实现自然通风

自然通风也有一种是通过风压和热压共同作用来实现自然通风，建筑物受到风压、热压的同时作用时，会实现通风。一般来说，在建筑物比较隐蔽的地方，对于通风的实现也是必要的，这种风向的流向是在风压和热压的相互作用下进行的。

（四）机械辅助式自然通风

现代化的建筑楼层越来越高，面积越来越大，实现通风的必要性更大，同时也必然会面临一个问题，即通风路径变长，这样空气就会受到建筑物的阻碍。因此，依靠自然风压及热风无法实现优质的通风效果。但是，对于自然通风需要注意的一个问题是，由于社会发展造成的自然环境恶化，对于城市环境比较恶劣的地区，自然通风会把恶劣的空气带入室内，造成室内空气的污染，危害到居住者的身体健康，这时就需要机械辅助式的自然通风，这有助于室内空气的净化。

第七节　建筑的人防工程结构设计原理

对于建筑工程而言，人防工程的建设十分重要，特别是对于高层建筑而言更是重中之重。不仅对人们的正常生活发挥着重要作用，还保证了战时人们的生命与财产安全。在我国的高层建筑建设中，对于人防工程的结构设计有着相当严格的要求。而人防工程的建设质量直接影响着其使用的寿命。本节通过分析高层建筑的人防工程结构设计原理，探讨高层建筑的人防工程结构设计方法。

人防工程又被称为人防工事，其建设的主要目的是保障战时人们的生命与财产安全，避免被敌人突然袭击后遭受重大的损失。而高层建筑的人防工程结构设计主要是针对防空地下室等而言的，保证在战时人们的财产能够安全转移。

一、人防工程的结构设计原理

人防工程的全称是人民防空工程。我国的人防工程结构设计主要将人防工程与建筑本身相结合。对于高层建筑而言，其主要设计呈现方式为地下室。和平时期，我国高层建筑的地下室都作为储藏室或者地下车库，等到了战时这些地方就会变成坚固的防空工事，保障人们的生命安全。所以高层建筑的地下室在建筑设计时不仅要考虑其使用性能，还要对其坚固性能进行分析，人防工程其承受的负载范围除了要承受高层建筑的压力，还需要考虑在战时可能发生的各种爆炸情形，比如在核弹爆炸时承受的冲击负载。

这种承载力的设计在和平时期不可能对其进行结构方面的实际试验，所以在一般的高层建筑的人防工事设计当中通常以等效静载法对其进行验算。如对于核弹爆炸时的结构承受力的计算，这种爆炸力造成的承受力大但作用时间比较短，所以对于地基的承载力以及并行与裂缝等一些情况可以不作验算。虽然在战时对于其荷载力的要求通常比较高，但是在进行结构设计时也不需要与战时可能承受的所有荷载力进行硬性的需求满足，而是与平常情况进行对比，将战时可能发生的最大承受力进行实验。对于不同楼层的高层建筑其人防工程的结构设计有着不同的设计原理，对于楼层较多的建筑而言，其楼层的本身负载力也要计算在内，将平时与战时的受力情况进行双重分析，取其最大值作为受力依据。

二、人防工程的结构设计方法

对于高层建筑的人防工程的设计而言，要遵循上部楼层的高层设计与下部的人防工事相一致。首先要考虑其使用性能，不能在地面进行设计，所以对于该工程的结构设计而言，只要遵循其承载力与建筑构件的质量要求，一般就可以满足其设计需求。

（一）材料强度的设计

人防工程与其他工程有着本质上的区别，普通工程所需要承受的荷载主要是人们平时的使用当中的静荷载，或者说是建筑本身拥有的静荷载保护，而对于人防工程而言，其建筑的主要目的是对人们的生命安全进行保障，所以其承受的荷载主要是由于战争引起爆炸后造成的动荷载，两种荷载的目的截然不同，静荷载指的是工程质量本身决定的工程使用年限，而动荷载则指的是在受到外界因素冲击时工程承受的负荷力。对于人防工程的结构设计而言，其结构的设计以及结构材料的选用，应当在考虑瞬时动荷载的情况下进行结构的最大化设计，将所承受的最大负荷系数作为其防御的主要系数，对于钢材、混凝土都需要按照不同的负荷强度进行等级限定。在进行普通情况下人防系数的建筑设计时，所选用的材料应该拥有在其所承受的综合受力系数上大于 1 的材料强度，而对于脆性破坏的部位而言，其承受的负荷力应该是小于 1 的负载力，所以在建筑结构设计时应当区别开来。

（二）参数的选取

在我国目前的高层建筑人防工程的设计中，对于计算机技术的应用已经较为先进，PKPM 计算机软件技术的应用较为普遍。基于此技术，只需要对建筑构造中梁、板的设计进行数据输入，然后运用 BIM 技术构造建筑模型，再辅入计算出来的建筑结构最大承载力的相应数据，可以直接检验其结构的设计是否符合要求，也可以通过数据对梁、板的配筋图进行改善，对于人防工程而言其电算数据的真实性与科学性非常重要。在进行电算数据的计算时，主要是将主楼与裙楼进行连接计算，而楼板选用的一般为非抗震构件，所以其数据不会受其他因素的影响，而对于梁而言，属于一种抗震构件，其数据会由于抗震承载力而产生误差，因此对于两种构件的电算应该进行分别计算，首先对于梁、柱子、墙等抗震构件的抗震承载力进行分析，将其电算数据与板的电算数据相隔开进行不同的方法计算，在实际的计算过程中，对于人防工程的承载力，电算数据应该减去抗震承载力，其次再进行构件的设计。因为抗震负荷力的承受与战时产生的爆炸动荷载是完全不一样的，所以应当进行分类处理。

第三章　建筑结构设计

第一节　建筑结构设计中的问题

随着社会不断发展，人们的生活水平和生活质量不断提高，对建筑的要求也越来越高。通过对既有建筑进行严格的分析，发现存在安全可靠度不足、使用寿命短等问题。从建筑物的功能出发，现代结构设计在住宅建设中更加全面，实现了人们对建筑功能的追求，重视建筑的美观和舒适性，也满足经济快速发展和人们追求的高品质生活。然而建筑结构设计也不一定存在合理的整体性，在相应的建筑结构设计过程中，我们通常十分关注各项细节，而忽略结构设计在施工过程中的完整性和协调性。本节通过分析相应的建筑结构设计现状，发现问题，提出相应的设计标准和设计过程的优化对策。

一、建筑结构设计概念

（一）建筑结构设计的基本含义

在建筑领域，建筑结构设计就是对建筑物的结构进行科学合理的设计，具体包括偏向室内空间布局设计的内部结构设计，以及偏向建筑外观设计的外部结构设计，在整体上尽可能达到科学利用内部空间与外观环保美观的综合效果。在完整的建筑结构设计工作中，一共有三个不同的层次：一是结构方案的选择，二是结构构件的具体计算，三是绘制结构施工图。这三个方面都是十分重要的环节，使建筑结构的设计更加科学严谨，能降低工程项目的成本，同时确保工程项目的安全性、实用性和耐久性。

（二）优化建筑结构的现实意义

建筑结构的设计工作是一项具有重要意义的工作，也是工程建设开展的首要环节，对工程建设的整体质量有着较为显著的影响。一般情况下，在进行建筑结构设计时，必须基于建筑物的性质，深入分析建筑高度、楼层数目，以及建筑本身的功能要求，充分把握建筑本身的受荷大小和承重范围，同时估算出建筑物主体结构的建造成本。提高建筑结构设计的质量，能够尽可能地降低各种问题的出现，有利于不断加强相应建筑结构的各项安全性。所以，有关单位与企业必须加强对建筑结构设计的重视，进而确保工程建设项目质量，增强各项性能。

（三）建筑结构设计的发展情况

在现阶段，对于住宅建设而言，施工前的建筑结构设计是关键环节，也是进行相应住宅建设过程的关键前提。与较为传统的建筑设计风格相比，建筑结构设计一方面可以包括各项建筑施工过程中的总体规划，另一方面在建筑设计过程中也可以使其变得更加科学合理，同时能够更加注重人们的生活经历和实践。根据不同的环境和当地条件，采用与当前环境保持一致的建筑设计是建筑结构规划必须考虑的因素。通过不断的、适当的建筑结构设计来增强建筑过程的安全性、实用性、功能性和舒适性。一方面，它可以满足当前社会和人们对住房的各项需求，另一方面，它也可以应对现有生活中的各项紧急情况。同时能够赋予建筑更好的科学性和合理性，在相应的设计中主要体现在根据地形面积等设计出更加科学实用的房屋。

二、建筑结构设计问题分析

（一）在设计过程中缺乏分析和考虑

整个建筑结构设计往往涉及许多因素，如结构完整性、相关材料选择、设计的合理性以及后期相关问题的解决方案，这些在相应的建筑过程中往往起着一定作用。然而，有时设计师会依靠他们的个人经验来设计建筑结构，这常常导致在图纸设计过程中省略某些环节，从而增加各项风险因素。如果相应的建筑结构设计存在问题，一方面会给以后的设计和现场操作带来一定的安全隐患，另一方面也会影响设计图的使用以及技术价值。在进行相应的设计时，缺少任何环节都会导致建筑结构设计的失败，同时会给施工带来一定的危险和不稳定，不利于中国住宅建筑业的可持续发展。

（二）设计师之间缺乏有效的沟通

对于建筑物的设计，需要设计师不断讨论，以促进图纸的设计与完成。许多设计师非常依赖互联网技术以及个人想法，通常情况下忽略了其他设计师的建议，从而导致结构设计不合理。由于缺乏对图纸的深入研究，设计师的知识储备不足也影响了对设计要求的理解，从而在设计过程中出现了许多问题，很容易出现较大的质量以及安全问题。

三、解决建筑结构设计问题的对策

（一）了解结构设计标准

设计者应当明确结构工程设计的标准，这样不仅可以保证建筑结构的有序发展，而且可以确保建筑物的各项安全性能以及相应的质量。首先，了解建筑结构设计的原理。设计师可以通过不断优化设计图来了解其中的设计原理。通过明确的设计原则，能够不断提高建筑结构的设计质量，在不断发挥设计与施工整体价值的同时，确保建筑结构的安全性、实用性和耐久性。其次，根据政府发布的相关政策，要求设计师在施工中应当不断考虑施工和环境因素，才能更加科学合理地规划设计图纸，以实现合理的设计。最后，设计师应遵循经济原则。换句话说，设计人员应在建筑材料选择过程中对环境、材料成本等方面进行分析，以提高建筑结构设计的专业性，合理控制成本，选择合适的材料。最经济实用的设计方案可以提高建设项目的社会效益和经济效益。

（二）优化设计的全过程

优化设计的整个过程不仅表现在建筑结构设计的各个方面，还表现在设计师的品质内涵上。因此，现代结构设计的要求是在运用技术的前提下，以分层的方式分析总体设计方案和局部设计方案，以不断优化和纠正方案中的各种不合理现象。由于许多参数涉及建筑结构的设计，因此设计者不仅要学习每个参数的特性，而且要学习各种参数的应用。另外，设计师应经常与周围的设计师沟通，提高自身素质和能力，完善制图设计思想，使制图与建筑结构设计保持一致，以满足日益增长的高要求和高标准。

（三）确保结构完整性和协调性

在建筑结构设计中，协调性、完整性、合理性和科学性是紧密相连的。在整个建筑结构设计过程中，其中的设计人员应不断明确设计过程中的建筑物类型，依据其中的建筑物类型设计可以进行更加合理有效的结构施工图设计，从而保证其中图纸内容的协调性和完整性。保证建筑物的实用性和耐用性，实现协调发展。因此，在建筑设计发展之前，有必要科学合理地总结和分析建筑结构的各个组成部分，并针对建筑结构工程设计中存在的问题提出快速、积极、有效的对策，以求完善。建筑结构工程设计的整体合理性和质量，能够充分发挥住房建设项目的功能，为居民提供更多的舒适感和安全感。

由于建筑结构整体的可靠度、使用性和安全程度还存在较多问题，而在建筑领域的发展中，建筑结构的设计占据着一席之地，且发挥着重要的作用，与项目工程施工效率和施工质量有着较为直接的联系。因此，必须优化建筑结构的设计，提高相关人员对其的重视程度，综合提高设计师的整体素质与业务能力，合理规划成本，培养概念性设计的理念，进一步增强建筑结构设计的效果，确保工程项目后期工作的顺利开展，进而促进建筑行业持续发展。

第二节 建筑结构设计的原则

随着我国经济的快速发展，建筑结构也呈现出更加复杂的趋势，这给建筑结构设计带来了更大的挑战。为保障建筑结构设计的质量，设计人员不仅要具备较强的专业能力，而且还需要具备认真负责的工作态度，遵循建筑结构设计的原则，同时注意常见问题，确保建筑结构设计符合标准要求。

一、建筑结构设计的种类与内容

（一）建筑结构的种类分析

对于建筑物而言，建筑物的使用功能不同，因此对建筑物的要求也不相同，相应地便会产生不同种类的建筑结构。以建筑物的使用功能进行划分，通常可分为两类：一类为工业建筑，另一类为民用建筑。如果以建筑物的层数来划分，则可分为四类，即单层建筑物、多层建筑物、高层建筑物、超高层建筑物。根据建筑物的结构形式来划分，可分为五类：即框架结构建筑、筒体结构建筑、剪力墙结构建筑、砖混结构建筑以及钢结构建筑。

（二）建筑结构设计的内容

建筑结构的设计内容相对比较广泛，包含建筑设计、结构设计、电气装备设计、暖通设计以及排水设计等。不同的设计类型对设计的方法与原则有着不同的要求，但是所有设计类型都需要遵守以下四个基本要求，即环保要求、功能要求、经济要求和美观要求。建筑结构设计过程分为方案设计、结构设计、构建设计以及绘制施工图。为了提高建筑结构设计的质量，首先，要对建筑结构的承载能力和极限状态进行计算，另外还需要计算疲劳强度。这些计算是建筑结构设计的重要参考依据，同时也是保障建筑结构设计质量的重要基础。其次，要做好结构分析工作。最后，要做好抗震设计工作。我国对建筑的抗震设计提出了明确的要求，为Ⅵ～Ⅸ度。建筑物的抗震能力与抗震要求，与建筑物的高度等密切相关，通常情况下，建筑物越高，对抗震设计的要求也会随之提升，二者成正比关系。

二、建筑结构设计的原则分析

适用性原则、美观性原则、安全性原则、经济性原则以及便于施工的原则，这五项原则是建筑结构设计的主要原则。这不仅是建筑结构设计的重要目标，也是建筑结构设计水平与效果的最佳体现。对于建筑结构设计而言，通常发生在建筑物设计完成之后，因此建筑结构设计在很大程度上受建筑物设计的制约与影响，但是建筑结构设计也会反作用于建筑物设计。建筑结构设计应建立在不破坏原有建筑物设计的基础上，满足建筑要求。与此同时，建筑物设计不能超出结构设计的能力范围，同样也要遵循建筑结构设计的五项原则。

三、建筑结构设计的注意问题

（一）基坑回填方面应注意的问题

基坑开挖过程中，不仅要注重开挖工艺的应用，还要充分考虑摩擦角范围内的坑边的地基土的约束力，如果不注重摩擦角范围的约束力，则会导致设计效果不理想。由于存在一定的约束力，在约束力的作用下，通常情况不会出现反弹的情况，但是这并不是绝对的。针对这种情况，传统措施难以发挥作用，因此需采用人工的方式清除反弹部分。在此过程中，如果出现基坑较小的情况，那么坑底所受到的约束会增大，因此坑底地基土的反弹作用相对较小，基本可以忽略不计。针对沉降幅度的计算，计算过程中需要根据基地附加应力进行计算。反之，如果基坑相对较大，则坑底受到的束缚便会变小，因此，在进行箱基沉降计算时，需要保障计算的精确性，更好地为处理方案的制订奠定基础。将被约束的部分作为安全储备，这种方式是一种十分有效的处理方式。

（二）抗震设计方面应注意的问题

框架柱或者钢筋混凝土框架柱在抗震设计中的应用比较广泛，在设计过程中，对箍筋的设置不仅要符合体积配箍率等构造要求，同时为了确保抗震设计的科学性，增强建筑结构的抗震效果，对箍筋肢距也要做出明确的规定与科学的调整，使其符合钢筋混凝土框架柱的要求，这样才能更加有效地提升抗震效果，充分发挥抗震设计的作用。除此之外，在必要的情况下，还应设置复合箍。这样才能确保抗震设计的质量，提高建筑结构设计的水平并增强其效果，保障建筑物具有相应的抗震能力。

（三）挑梁设计方面应注意的问题

通常而言,应将挑梁做成等截面,特别是在出挑长度较短时。相较于挑板，挑梁的特点更加突出，挑梁不仅具有自重相对较小的特点，还具有占总荷载比例较小的特点，只有有效降低挑梁自重才能将挑梁作为变截面。在设计中，要注重对箍筋的应用，做到合理选择箍筋，为后续的施工带来便利。值得注意的是，变截面梁的挠度应不小于等截面梁。在设计过程中，针对外露的大挑梁，设计师需要加强应用，可以将其作为变截面，这种设计方式既能更加充分地发挥挑梁的作用，同时也起到了更好的美观效果。

四、建筑结构设计的要点

（一）选择科学的建筑结构设计方案

建筑结构设计的目的不仅在于提升建筑的美观性，要更加注重提升建筑物的稳定性与安全性。为了满足这一理念和要求，在建筑结构设计过程中，需要设计师合理选择设计方案，确保设计方案的科学性与经济性，同时还应结合科学的结构体系与形式。这样才能保障建筑结构设计的质量与效果。首先要明确建筑物的总体布局，分析建筑结构的抗震节点，同时还要考虑建筑物结构的应力情况等。建筑结构设计应避免出现同一结构单元混用不同结构体系的情况，同时秉持平面竖向的原则进行设计。其次，设计人员应结合建筑的使用功能，同时根据相关要求，在建筑设计方案中明确建筑物的材料类别以及确保安全的施工条件等。

（二）提高计算结果的分析水平

随着建筑结构设计水平的不断提高，在设计过程中对计算机技术的应用越来越广泛，设计师可以应用相关软件进行计算，同时还可以通过软件来对计算结果进行分析，这对于提升建筑结构设计质量具有十分重要的意义。设计师应结合具体的设计要求合理选择软件，同时还要熟练运用相关软件。不同软件有着不同的特点，同时也存在一定的不足，为保障计算结果的科学性，需要综合设计多种软件，确保计算参数的准确性。针对计算结果，综合设计应再次进行分析，对计算结果进行反复核验，在保障计算结果准确的基础上将其应用于建筑结构设计方案之中。

（三）提高材料的利用率

节约也是建筑结构设计的重要原则之一，因此在设计过程中应注重提高材料的利用率，起到更好的节约效果。在建筑结构设计过程中，应加强对那些轻质高强建材的应用。这既能更好地体现出建筑结构设计经济性的原则，也有助于降低建筑工程项目的建设成本，同时还有助于节约能源与环境保护。设计师自身要具备较强的环保意识，在建筑结构设计过程中提高对材料的利用率，为建设环境友好型社会以及资源节约型社会作出更大的贡献。

对于建筑工程项目而言，建筑结构设计是十分重要的组成部分。建筑结构设计是保障建筑安全的重要基础和前提，因此，设计师在进行建筑结构设计时，应始终秉持建筑结构设计的各项原则，合理把控各方面的注意问题，提高建筑结构设计的质量并增强其效果，为建筑工程的质量奠定坚实的基础。

第三节　建筑结构设计的优化

建筑结构设计对建筑设计的合理性、施工及使用成本有着直接影响。随着经济的快速发展，日益复杂的建筑结构形式给建筑结构设计师带来了挑战，同时也带来了不少设计盲区。作为建筑结构设计的重要组成部分，建筑结构设计可以从安全、经济、合理等角度出发进行相应的结构优化，从而达到资源的合理利用。

一、结构设计优化的重要性

随着经济的不断增长，大城市用地面积的日渐紧张，原有的多层砖混预制板结构日渐被高层框架结构、框架剪力墙结构、剪力墙结构替代。与此同时，人们的生活水平日益提高，对商场、工业厂房、展览馆、机场有较大的空间需求，大跨度的预应力混凝土结构、钢结构也孕育而生。这些新型的建筑形式在满足建筑师天马行空的想象与创作的同时，也给结构工程师带来了巨大的挑战。幸运的是，通过大量的实战经验，我们形成了一套适用于自己的设计规范体系，指导了无数结构工程师做出优秀的设计。但是，依旧有不少设计师市场造价把控不到位、工程实践经验不足、对于设计规范的理解不透彻，甚至模糊了力学概念而设计出了不少工程造价高昂、结构体系不合理且有安全隐患的建筑。这些设计与时代的发展背道而驰。因此结构设计优化应运而生。结构设计优化能为建筑开发商有效地控制建设成本，优化不合理、不安全的设计，同时按照现代建筑要求将目前先进的结构设计理念融入该建筑结构设计中，通过合理优化实现建筑的现有经济利益（建筑设计、施工周期内成本）以及未来经济效益（建筑合理使用年限内的使用成本），实现建筑设计的合理化、科学化，促进建筑行业经济、合理、和谐地发展。

二、设计优化原则

建筑结构优化设计依据现行的国家设计、施工验收规范。规范条文是设计的安全底线，然而不少建筑结构优化设计在近几年受到不合理的优化设计合同的影响，不停地追求挑战，逼近国家设计规范的底线。也正是因为这样不合理的优化设计合同，也有不满足或者与设计规范相悖的设计内容（不利于减少工程施工成本）未能被有效地指正。设计规范的制定是为了确保房屋安全底线，只有深入了解设计规范条文制定的原则和依据，建筑结构优化设计才能更加合理。

三、建筑结构设计的优化思路

（一）从建筑、水、暖通、电等其他设计规范角度出发进行优化

建筑结构优化设计应参与整个设计周期。不少结构设计师由于对建筑、水、暖通、电等其他设计规范及设计内容理解得不透彻，无法发现建筑设计中的不合理内容。例如建筑屋面的找坡方式、地下室顶板顶部的覆土与植被（影响结构的荷载大小），有效利用覆土荷载对地下室整体抗浮的有利作用。地下室有效合理的净空需要减去暖通管道、喷淋管的安装高度（影响整个场地的开挖量）；住宅水、电管线预埋的密集区域宜增强楼板的有效厚度……这些都需要结构优化设计体现在设计的方案阶段。

（二）从建筑结构设计规范角度出发进行优化

1. 合理地选择建筑结构体形

了解建筑的功能需求，根据建筑的高度以及体形、所在地

区的抗震防烈度、风荷载、地质条件等情况，合理选择结构类型。不合理的层高设置往往会使结构形成薄弱层，与此同时我们应尽可能规避平面、立面不规则的建筑方案，这可通过有效的结构手段（例如通过结构设缝将主体单元划分成规则的单元，合理设置结构拉结楼板规避结构平面凹凸不规则），当然引导建筑设计师与业主选择合理的建筑方案也是规范设置的目的所在。

2. 合理地设置竖向受力构件与水平受力构件

水平受力构件（楼板、梁）通过结构导荷将建筑使用荷载导向竖向受力构件（剪力墙、柱、砖墙、斜撑等），再传递到基础地基当中。竖向受力构件在与水平受力构件协同作用下承担着水平地震荷载（风荷载）。应控制框架柱、剪力墙截面的尺寸与设置间距（在布置柱网的同时应考虑建筑车位等其他经济需求）。框架结构中往往还应特别注意楼梯（斜撑）设置的影响，对结构有帮助的楼梯予以保留，对于结构刚度贡献不利的可以通过滑动支座释放其刚度。结构方案应尽可能地使得结构几何形形心与刚度重合，两个方向的结构刚度均匀对称分布。由于剪力墙对结构整体刚度影响较大，带有剪力墙的结构在应对地震偏心作用的时候，往往将剪力墙沿偏心作用点分散设置更为有效。以上设置剪力墙的原则同样适用于砖混结构。而对于水平构件中的梁，宜适当地削弱梁构件的刚度，同时在部分对裂缝不敏感的区域的楼板采用弹塑形设计。通过这样的结构设计思路可以有效地实现规范所提倡的强柱弱梁、强剪弱弯的设计理念。

（三）优化方案的比较

结构设计优化的核心是要进行结构材料用量分析，根据不同的计算数据，提出不同的优化方案。大到结构形式的选择，如混凝土框架结构与钢结构的优化比对；小到楼板体系的选择，如井字梁梁板体系与单向板体系、厚板体系等；再到构件类型的选择，如钻孔灌注桩与高强预应力管桩。还有材料的优化，如高强钢筋与低强钢筋的合理搭配，高标号混凝土的合理应用。与此同时，不能忽略施工成本的部分，精准地计算出施工的工期、施工相应的设备与技术人员开销。结合这两个方面对优化方案进行比较，选出最经济合理的优化方案，从而达到结构设计优化的目的。

第四节 装配式建筑结构设计

本节对装配式建筑结构设计中存在的问题进行综合分析，并简要介绍了装配式建筑结构的特点，如结构设计更加标准、各项构件实现工厂化生产目标等，提出装配式建筑结构设计流程与要点，能够保证装配式建筑结构更加稳固，有效预防建筑结构失稳现象的发生。

在建筑业迅猛发展的今天，人们对建筑工程的要求越来越高，尤其是建筑结构形式。现代建筑形式具有多样化的特点。近年来，装配式建筑工程越来越多，为了保证装配式建筑结构更为合理，做好结构设计工作特别关键，鉴于此，本节重点阐述装配式建筑结构设计的要点。

一、装配式建筑结构的特点分析

在常规的建筑工程当中，采用现场施工的方式比较多，在工程项目建设施工环节，工业化水平比较低，会消耗大量的资源，产生很多废弃物，存在设计施工水平低下、装饰装修质量不达标等一系列问题。与常规的建筑工程项目相比，装配式建筑工程项目具备施工作业难度低、施工废弃物少、施工材料使用率高等特点，而且这一类型的建筑工程项目施工成本更加容易控制，施工周期也比较短，项目的运行维护管理更为简单。

此外，装配式建筑工程项目能够有效融合低碳理念、环保理念、节能理念，使建筑结构设计更为精准，各项施工构件实现工厂化生产目标，建筑项目的装饰装修质量更佳，能够更好地弥补常规建筑工程施工中存在的不足，将建筑工程项目各环节之间的局限完全打破，使得工程项目产业上下游更为协同。

二、装配式建筑结构设计流程

通常来讲，装配式建筑结构设计主要分为五步，分别是技术选择、施工方案的设计、初期设计、施工图设计、构件加工设计等步骤。

在技术选择过程之中，设计人员要明确装配式建筑工程的具体施工位置，包括工程项目的施工规模，了解建筑工程项目外部施工环境，准确计算装配式建筑工程项目施工成本，并制订出完整的技术方案，保证装配式建筑构件更为标准，为项目中的施工作业人员提供良好依据。

在施工方案设计环节，设计人员需要结合装配式建筑工程结构特点，制订出更为全面的施工方案。如果施工方案设计不合理，会对装配式建筑结构的可靠性能与安全性能产生较大影响，因为装配式建筑结构施工方案设计难度较大，具有一定的系统性。因此，设计人员要运用科学的设计理念进行设计。

在初期设计阶段，设计师首先需对装配式建筑项目进行全面的需求分析与可行性研究，明确项目的定位、功能布局、结构形式及所采用的预制构件类型等。随后，通过概念设计探索合理的结构体系与空间布局，确保建筑既满足使用功能又具备良好的经济性与可持续性。在此过程中，特别关注预制构件的标准化、模数化设计，以提高生产效率与装配精度。

在施工图设计环节，设计者要结合之前的技术选择与初步设计内容，结合装配式建筑中各个专业提供的有效参数，明确预制构件的安装要求，特别是工程项目中的重点部位，要加强防水设计。

在预制构件加工设计环节，设计单位要主动联系预制构件加工企业，和加工企业协同设计，并结合装配式建筑工程施工场地的实际情况，为构件加工企业提供准确的预制构件尺寸设计图，保证装配式建筑工程中的各项管线稳定运行。结合各项预制构件的运输与吊装要求，安排专业人员提前设置好预制构件起吊与固定设备。

三、装配式建筑结构的设计要点研究

（一）深化设计要点

在制作装配式建筑预制构件之前，设计人员需要加强深化设计，针对装配式建筑深化设计文件，需要认真按照高层建筑工程整体设计规范与标准进行设计，并做好相应的文件编制工作。预制的全部建筑构件详解图纸之中，要明确预留孔洞位置，包括各项预埋件位置等。设计人员要认真按照装配式建筑工程整体设计规范与标准进行设计，并逐一进行全面分析，保证后续的装配式建筑结构设计工作顺利开展。

（二）连接性设计要点

在装配式建筑工程当中，建筑结构的竖向与水平接缝位置钢筋需要利用套筒灌浆方法进行处理，保证钢筋稳固连接，钢筋接头要符合装配式建筑结构设计要求。预制建筑剪力墙，钢筋接头部位的钢筋外侧套管箍筋混凝土保护层厚度不宜小于20毫米，套管之间的距离不宜小于25毫米。

预制梁体，包括后浇混凝土，需要进行有效叠合，叠合为结合面之后，方可对平面进行粗糙处理。装配式建筑工程中的预制梁体断面处，需要进行粗糙面处理，并合理设置键槽，键槽的数量和尺寸要满足装配式建筑工程项目有关施工标准。预制好的剪力墙，墙体顶部位置与底部位置，包括后浇混凝土结合面，均需要设置粗糙面。梁体和后浇筑混凝土结合面，要设置相应的粗糙面与键槽，粗糙面的面积不能够小于 80 %，预制板粗糙面凹凸深度不宜小于 4 毫米。

（三）整体构造设计要点

在装配式建筑工程当中，叠合板通常采用单向板，因此，在制作环节，底板需要提前预留出开洞的具体位置，开洞具体位置要与桁架钢筋保持一定距离。若开洞的洞宽度超过了 300 毫米，受力钢筋需要将洞口位置绕过，不能够直接将钢筋切断。如果洞口宽度在 300~1000 毫米，则需要在洞口附近设置一定量的附加钢筋。对于装配式建筑工程项目设计人员来讲，要运用先进的设计理念，妥善解决装配式建筑结构整体构造设计中存在的问题，并对原有的项目整体构造设计方案进行优化，在提升装配式建筑工程项目整体构造合理性的同时，有效减少结构失稳现象的出现。

针对立面楼层，预制好的剪力墙位置，需要提前设计出密封后浇钢筋，包括混凝土圈梁，混凝土圈梁要和房屋浇筑与叠合楼组成一个整体。针对不同楼层与楼面的预制剪力墙，如果剪力墙顶部没有后浇圈梁，则需要设计良好的水平式后浇带。一般来讲，水平式后浇带如果超过两根纵向连续钢筋的宽度，每根钢筋直径为 12 毫米，则能够有效提升装配式建筑结构的施工质量。

（四）结构防水设计要点

在时间的作用下，建筑工程项目受外界环境因素的影响越来越大，特别容易发生不同类型的质量问题，缩短建筑工程项目的施工时间，降低项目的安全系数。所以，对装配式建筑工程中的混凝土质量要求特别高，不但需要混凝土具备良好的防水性能，而且要具备较好的耐久性。

在装配式建筑工程项目中，楼板与外墙均需要进行预制，这些部件直接和外界环境接触，在进行预制构件连接性设计时，设计人员要加强防水设计。例如，在某高层装配式建筑工程项目当中，外墙采用预制墙板，采取密封的形式，具有较好的防水性能。在此装配式建筑工程当中，预制的外墙板最外一层为高弹力泡沫棒，中间层为减压空间，使用防水胶条进行密封处理，其内部则采用灌浆层，利用砂浆进行密封。通过做好装配式建筑工程防水设计工作，能够保证建筑工程项目的整体防水效果得到更好提升。

（五）钢筋混凝土构件与装配式构件设计要点

在进行施工材料设计时，设计人员需重点考虑以下两个问题：

1. 混凝土材料对比设计要点

装配式建筑工程项目中的混凝土施工强度等级要符合工程的具体施工要求，梁、板与剪力墙等预制构件要具备良好的防水性与耐久性，由于这些构件与现浇构件相似，故预制剪力墙板内部的混凝土轴心抗压强度性能标准参数设计数值不宜超过20%。在选择混凝土施工材料时，尽可能选择性能较好的混凝土施工材料进行施工，并合理设计混凝土配合比，在提升混凝土施工质量的同时，有效提高装配式建筑工程项目的可靠性与安全性。

2. 钢筋与连接构件设计要点

在进行钢筋和连接构件设计工作时，钢筋混凝土构件的各项性能参数标准要满足有关规定标准，具体如下：钢筋的施工材料强度等级符合有关规定，钢筋合格率达到95%以上；吊环与吊钩等结构构件需要使用 HPB300 级别的钢筋材料进行施工，不能够使用冷加工式钢筋材料；钢筋材料的抗拉强度实际测定值，应该和其自身的屈服强度测定值比例保持在 1.25 左右。

综上，通过对装配式建筑结构的设计要点进行全面分析，能够保证装配式建筑结构工程项目施工的有序进行，有效提升装配式建筑工程项目的施工质量。

第五节　建筑结构设计的安全性

随着中国社会的快速发展，经济呈现出高速增长的趋势，人们的生活水平也在不断提高，这在一定程度上带动了中国房地产行业的发展。房地产业是整个建筑工程中最重要的组成部分，其中建筑结构的设计对整个建筑工程的施工质量有着非常重要的影响。因此，建筑结构的设计，对建筑日后使用的安全性也有着很大的影响。目前建筑结构设计呈现出多元化发展的趋势，建筑结构形式也变得越来越复杂，这就很可能会带来一系列的安全隐患。因此必须要提高建筑结构设计的安全性，从而保证人民群众的生命财产安全。本节就建筑结构设计中可能存在的安全问题进行了分析，同时也提出了如何提高建筑结构设计安全性的有效改进措施。

一、房地产业建筑结构设计安全性的重要意义

在房地产业中，整个建筑工程中最为重要的就是建筑结构设计。因为房地产业中的建筑结构设计主要是针对人们的日常

使用和居住。因此，保证建筑结构设计的安全性就是保证人民群众的生命以及财产安全。对于建筑结构设计的安全性最主要的检验标准就是整个建筑结构的设计是否能够满足使用要求，需要从各个方面综合考虑各种因素来满足建筑结构设计的安全性。

目前我国的房地产业中相关建筑结构设计人员需考虑的一个最重要的问题就是，在设计阶段如何能合理地在进行建筑结构的设计，提高建筑结构设计的安全性。这在一定程度上还能有效地降低整个建筑结构施工的费用，节约成本，提高整个房地产业的经济效益。建筑结构设计的安全性主要是为了保证建筑在正常施工和使用的前提下，能够承受可能出现的各种外界破坏力，比如地震、台风等自然灾害，从而保证人们的生命财产安全。提高建筑结构设计的安全性，不仅能够提高房地产业的经济效益，同时也是整个房地产业能够可持续发展的基础。

二、房地产业建筑结构设计中存在的安全问题

（一）建筑结构设计人员专业素质偏低

目前中国房地产业中还存在着部分建筑结构设计人员专业素质比较低，而且有些建筑结构设计人员在进行建筑结构设计

的时候，经常采用经验优先的原则。这就可能造成设计的建筑结构存在问题，很可能造成安全事故。在建筑结构的设计过程中有时会出现建筑内楼梯或者电梯的布局不合理的问题，这样就会不利于人员的疏散。甚至还有些建筑结构设计人员在设计阶段往往过于注重整体建筑的外观，从而忽略整体结构的稳定性以及质量安全问题。部分规模小的建筑公司，设计人员的技术水平不过关，设计理念过于陈旧，这就会导致其设计出来的建筑结构不符合现代化标准，从而埋下安全隐患。

（二）建筑结构设计的抗震性较低

当前我国房地产业在进行建筑结构设计时，很多建筑结构设计人员没有充分考虑到抗震性，从而使整体建筑结构的抗震性不符合国家要求。尤其是在地震多发地区，在建筑结构设计时更需要考虑到抗震性要求。如我国四川一带，正是由于在建筑结构设计时没有充分考虑到抗震性要求，才会在发生地震时对人们的生命财产安全产生了巨大的威胁，同时也对国家经济产生了不良影响。

三、提高建筑结构设计的安全性的措施

（一）增强建筑结构设计人员相关专业知识的培训

提高相关建筑结构设计人员的专业素质就要求其具备深厚的专业知识，以及非常扎实的专业技术能力，同时还应具有非常丰富的建筑结构设计经验。在具备了相应的专业技能之后，还必须增强建筑结构设计人员的安全意识，只有当建筑结构设计人员十分重视建筑结构设计的安全性时，才能够在设计过程中充分考虑安全性。这就需要房地产业公司对建筑结构设计人员进行相应的培训，加强他们的安全意识，并且让建筑结构设计人员意识到自己承担的责任。

（二）严格按照国家相关标准来进行建筑结构设计

国家已经颁布相关的建筑抗震性规范，以及其他对房地产业建筑安全性的要求。在建筑结构设计阶段，应充分参照相关规范，以及相关的各项条款条规，确保安全性。一旦建筑结构设计人员发现不符合规定的情况时，应当及时改正或揭露，这不仅能保证建筑结构设计的安全性，也能为人民群众的生命财产安全保驾护航。

（三）加强建筑结构设计人员的质量意识

建筑结构设计人员除了要遵循国家相关标准规范进行设计，还应该具有相关的质量意识，必须要怀有严肃认真的工作态度，对建筑结构设计中的每一个细节都要非常重视，做到精益求精，这样才能提高整个建筑结构设计的安全性，确保每一个细节都做到最好。

（四）要不断加强对建筑结构设计的创新

在设计阶段，建筑结构设计人员要根据自己已有的相关专业知识并结合实际情况，从安全性的目的出发，对建筑结构的设计进行创新和改进。与此同时，相关建筑结构设计人员还要善于总结经验，对建筑结构进行合理化创新，提高建筑结构设计的安全性。

第四章　工业建筑设计

在经济发展的影响下，国内的工业建筑获得了迅速发展。在工业建筑领域中，整体领域都在向新的趋势尝试革新，同时在工业设计的理念中，也涌现了更多的新鲜血液促进我国工业建筑设计的发展。本章主要对工业建筑设计展开讲述。

第一节　工业建筑的概念

工业建筑，是指专供生产使用的建筑物和构筑物。其种类繁多，从重工业到轻工业，从小型到大型，从生产车间到设备设施，凡是从事工业生产的建筑物与构筑物均属于这个范畴。

现代工业建筑起源于 18 世纪下半叶的英国，随后蔓延到美国、德国、欧洲以及亚洲的几个工业发展较快的国家。时至今日，工业建筑的发展已历经 200 多年历史，在国民经济发展和社会文明进步中具有重要地位并发挥着重要作用。

工业建筑不同于民用建筑，它是主要为了满足不同的生产活动所修建的建筑物。因此，工业建筑需要满足一定的要求，即工业建筑的修建需要满足生产活动所进行的生产工业的基本要求。工业建筑内部需要有庞大的面积和空间来供工人正常生产活动，工业建筑的内部结构较为复杂，因此修缮难度较高。工业建筑的构造需要结合其厂房内部相关的生产活动进行。不同生产活动的工业建筑之间有着很多不同的特点，工业建筑的通风、采光、排水等方面的构造较为特殊。

一般来说，我国的工业建筑主要有医药厂房、纺织厂房、化工厂房、冶金厂房，内部的相关构造有烟囱、水塔、栈桥、囤仓。除了必要的高科技生产建筑物，还有一些园区配套生活建筑，即食堂、宿舍、管理楼、垃圾站、变配电所、雨水泵房等。

工业建筑可以根据层数、生产状况、用途等几个因素进行分类。比如层数，则有多层厂房、单层厂房、混合层次厂房；若按生产状况划分，则有热加工车间、冷加工车间、洁净车间、恒温恒湿车间、有爆炸可能车间、大量腐蚀车间、噪声车间、防电磁波干扰车间、其他各种类型的车间等。

当前，我国正处于经济高速发展期，工业建筑在建筑领域中的占比越来越大，成为城市建设的重要组成部分。工业建筑用地一般占总用地的 25%~30%，而在一些以工业为经济支柱的城市，因拥有一些大中型企业，工厂用地比例可达到50%以上。在城市的总体布局中，工业建筑区位的布局、风向位置、环保处理措施、建筑形象等，对城市交通环境质量、景观塑造及城市总体发展都有着极为重要的影响。

第二节　工业建筑的特点

一、工业厂房设计建造的解析

（一）厂房的设计建造与生产工艺密切相关

每一种工业产品的生产都有一定的生产程序，即生产工艺流程。为了保证生产的顺利进行，保证产品质量和提高劳动生产率，厂房设计必须满足生产工艺要求，不同生产工艺的厂房有不同的特征。

（二）内部空间大

由于工业厂房中的生产设备多、体积大，各生产环节联系密切，还有多种起重和运输设备通行，所以厂房内部需要具有较大的开敞空间，且对结构要求较高。例如，有桥式吊车的厂房，室内净高一般均在 8 米以上；厂房长度一般为数十米，有些大型轧钢厂，其长度可达数百米甚至超过千米。

（三）厂房屋顶面积大，构造复杂

当厂房尺度较大时，为满足室内采光、通风的需要，屋顶上通常会开设天窗；为了屋面防水排水的需要，还要设置屋面排水系统（天沟及落水管），这些设施造成屋顶构造复杂。

（四）荷载大

工业厂房由于跨度大，屋顶自重就大，且一般都设置一台或更多起重量为数十吨的吊车，同时还要承受较大的振动荷载，因此多数工业厂房采用钢筋混凝土骨架承重。对于特别高大的厂房，有重型吊车的厂房，高温厂房，或地震烈度较高地区的厂房，均需要采用钢骨架承重。

（五）需满足生产工艺的某些特殊要求

对于一些有特殊要求的厂房，为保证产品质量和产量，保护工人身体健康及生产安全，厂房在设计建造时就会采取技术措施来满足某些特定要求。如热加工厂房因产生大量余热及有害烟尘，需要足够的通风；精密仪器、生物制剂、制药等厂房，要求车间内空气保持一定的温度湿度、洁净度；有的厂房还有防振、防辐射或电磁屏蔽的要求等。

二、工业建筑设计节能的现状

由于我国科技的快速发展，导致资源的快速消耗，使得我国的能源量开始紧张，从而导致节能减排的力度持续上涨。其中，工业建筑节能扮演着重要角色。我国相关部门和单位也开始加大重视力度。比如我国工业建筑内部的温度调控系统的能源消耗就很大，使得很多工业生产环节所产生的能源消耗大大超标。因此，这就导致了工业建筑设计节能迫在眉睫，需要针对节能过程中的问题，仔细分析，从而更好地开展后续的设计节能工作。

三、促进工业建筑节能设计发展的措施

为了贴合我国的可持续发展战略，就需要仔细分析当下工业建筑设计节能的问题，从而实施一些对策来促进我国工业建筑的健康发展。

（一）创新新型工业建筑设计节能方式

目前，我国的工业建筑设计节能方式还处于不够发达的阶段，如传统的工业生产厂房对热损耗的建设方式主要是依靠功能的差异性进行单独建设，从而导致建筑物外部的维护增多，加大了成本。因此，为了更好地促进工业建筑设计节能的发展，就需要创新新型工业建筑设计节能方式，应用更加优秀的工业建筑设计节能方式，在满足工业建筑最基本的生产要求的同时，又可以相应地减少资金投入，从而增加企业经济效益。

（二）充分考虑实际生产情况，灵活运用各类型节能方法

由于生产工艺的特殊和相关生产要求，对于厂房的选址一般没有特别好的解决办法。因此，想要更好地实施工业建筑节能设计，关键是要充分考虑实际的生产情况和生产工艺，运用良好的节能建材，实施对应的节能设计方案，以更好地促进工业建筑的节能发展。

第三节　工业建筑设计的特点

工业建筑具有一般建筑的共性，又颇具个性，因此在设计上有着与民用建筑设计不同的特点。

一、服务目的不同

一般来讲，民用建筑是以满足人们的生活、工作为主要目的，而工业建筑是以满足生产需要，保证设备的安全及生产的顺利进行和人们在其内正常工作为主要目的。作为直接服务于工业生产的建筑类型，顾名思义，工业建筑是人们进行集约化生产的场所。工业建筑首先要满足场地、运输、库存等基本生产要求，同时还要兼顾环境舒适性。

二、设计要求不同

工业建筑的功能设计主要是为了服务于生产活动，保证生产活动的顺利开展与进行。一般来说，评价一个工业建筑项目是否成功的最基本的标准就是内部设备的正常运行。不同的生产设备的使用功能和性能是不一样的，因此，工业建筑的设计工作一定要将设备的特点和功能作为最基础的依据。

三、与民用建筑设计的程序不同

工业建筑设计与民用建筑设计最大的区别就是工业建筑设计比民用建筑设计多了一道工艺设计。对于工业建筑来说，首先要由工艺设计人员对其进行工艺设计，其次提供生产工艺资料供设计师分析使用。

工业建筑，建筑形式和结构形式的选择，主要是由工艺、设备、生产操作及生产要求等诸多因素决定的。建筑设计应与工艺设计多交流、配合，同时满足工艺和结构设计的基本要求。例如，在做选煤厂设计时，由于原材料为颗粒状，每道工序都是在由上到下的重力流动中逐渐进行的。因此，对选煤厂进行设计的关键是弄清生产线竖向流程，由该流程上标示的设备确定厂房平面层高及建筑高度。选煤厂还有较多的设备及与其连接的各类输送管道，应由这些设备管道和工作人员的活动范围确定平面开间及跨度，根据设备的各阶段连接确定厂房的层高和高度。在整个平面、层高确定后，还要按工艺要求进行复核调整，直至达到工艺生产要求。

结构设计也要与工艺设计协调。厂房是为生产服务的，厂房设计中结构专业作为配套专业，首先应满足工艺要求，其次结构设计也必须服从于工艺条件。而现实中工艺布置经常与结构设计发生矛盾，例如要开洞的地方是框架梁，设备本来可以沿梁布置却布置在了跨中等。因此结构设计人员应多与工艺设计协调，尽量了解工艺布置，尽量为设计和施工减少不必要的麻烦。

四、荷载作用不同

荷载计算是结构计算的条件，荷载取值的准确性直接关系到计算结果的准确性。工业建筑中的设备不仅要考虑静荷载，还要考虑动荷载影响。因为计算过程极其复杂，且基于生产工艺流程和相应配置的设备，以及生产操作、设备维护更新等实际要求，工业建筑的楼面荷载往往很大。如许多工业厂房的吊车梁上有吊车荷载，吊车荷载最大轮压超过 70 吨，由两组移动的集中荷载组成，一组是移动的竖向垂直轮压，另一组是移动的横向水平制动力。吊车荷载具有冲击和振动作用，且是重复荷载，如果车间使用期为 50 年，则在这期间重复工作制吊车荷载重复次数可达到（4~6）× 10^5 次，中级工作制吊车一般也可

达 2×10^6 次，因此还要考虑疲劳而引起的强度降低，进行疲劳强度验算。

另外，由于工业建筑每一层平面均不相同，平面镂空多，加上设备的分布，使得整栋楼的质量分布极不均匀，质量的刚性严重偏离。同时，由于开洞面积太大并常有楼层错层现象，导致楼板局部不连续，其侧向刚度也不规则，因此工业建筑不利于抗震，发生地震时容易产生扭转，在设计时要采取措施来克服这种不利影响。

五、预留孔和预埋件较多

为了满足工艺的需要，且需要安装大量的设备，工业建筑需要大量埋设预埋件，同时要设许多预留孔。各预留孔和预埋件与轴线的几何关系以及空间几何关系非常复杂，而且相互间几何关系要求非常高，每层的标高和螺栓埋设位置都要求非常精确，这就要求设计人员在结构施工图中详细标明预埋件的大小规格及准确的定位尺寸。如果未在结构施工图中画出预埋件，往往会造成预埋件漏埋，现场补设预埋件既费时又浪费，既增加了业主的投资，又拖延了施工进度。因此，结构设计人员在出图之前应认真设计、复核，在结构施工图中必须注明预埋件的大小及定位尺寸，技术交底时，也必须向施工单位阐明这一点。预埋件一定要按照工艺和结构设计的基本要求来设计和选择相应的受力预埋件，所以在进行建筑设计时需要与工艺专业多进行交流。

第四节　工业建筑的分类

一、按层数分类

按层数不同，一般分为单层厂房、多层厂房、层数混合厂房等。

（一）单层厂房

单层厂房是层数仅为 1 的工业厂房，适用于大型机器设备或有重型起重运输设备的厂房。其特点是生产设备体积大、质量大，厂房部活动以水平运输为主。

（二）多层厂房

多层厂房是层数在 2 及以上的厂房，常用的为 2~6 层，适用于生产设备及产品较轻、可沿垂直方向组织生产和运输的厂房，如食品、电子精密仪器或服装工业等专用厂房。其特点如下。

1. 生产在不同标高的楼层上进行

多层厂房的最大特点是每层之间不仅有水平的联系，还有垂直方向的。因此在厂房设计时，不仅要考虑同一楼层各工段间应有合理的联系，还必须解决好楼层之间的垂直联系，安排好垂直交通。

2. 节约用地

多层厂房具有占地面积少、节约用地的特点。例如建筑面积为 10000 米^2 的单层厂房，它的占地面积就需要 10000 米^2，若改为 5 层的多层厂房，其占地面积仅需要 2000 米^2，相比较而言多层厂房更节约用地。

3. 节约投资

①减少土建费用。由于多层厂房占地少，从而使地基的土石方工程量减少、屋面面积减少，相应地也减少了屋面天沟、雨水管及室外的排水工程等费用。②缩短厂区道路和管网。多层厂房占地少，厂区面积也相应减少，同样厂区内的铁路、公路运输线及水电等各种工艺管线的长度缩短，可节约部分投资。

4. 通用性较差

多层厂房柱网尺寸较小，通用性较差，不利于工艺改革和设备更新，当楼层上布置有振动较大的设备时，对结构及构造要求较高。

（三）层数混合厂房

同一厂房内既有单层也有多层的称为混合层数厂房，多用于化学工业、热电站的主厂房等。其特点是能够适用于同一生产过程中不同工艺对空间的需求，经济实用。

二、按用途分类

按用途不同，一般分为主要生产厂房、辅助生产厂房、动力用厂房、库房、运输用房和其他用房等。

（一）主要生产厂房：在这类厂房中进行生产工艺流程的全部生产活动，一般包括从备料、加工到装配的全部过程。生产工艺流程是指产品从原材料到半成品再到成品的全过程，例如钢铁厂的烧结焦化炼铁、炼钢车间。

（二）辅助生产厂房：为主要生产厂房服务的厂房，例如机械修理车间、工具车间等。

（三）动力用厂房：为主要生产厂房提供能源的场所，例如发电站、锅炉房、煤气站等。

（四）库房：为生产提供存储原料（例如炉料、油料）半成品、成品等的仓库。

（五）运输用房：为生产或管理车辆提供存放与检修的房屋，例如汽车库、消防车库、电瓶车库等。

（六）其他用房：包括解决厂房给水、排水问题的水泵房、污水处理站，厂房配套生活设施等。

三、按生产状况分类

按生产状况不同，可分为冷加工车间、热加工车间、恒温恒湿车间、洁净车间、其他特种状况的车间等。

（一）冷加工车间：是指常温状态下进行生产的厂房，例如机械加工车间、金工车间等。

（二）热加工车间：是指高温和熔化状态下进行生产的厂房，可能散发大量余热、烟雾、灰尘、有害气体，例如铸工、锻工热处理车间。

（三）恒温恒湿车间：是指在恒温（20℃左右）、恒湿（相对湿度为50%~60%）条件下生产的车间，例如精密机械车间或纺织车间等。

（四）洁净车间：是指在高度洁净的条件下进行生产的厂房，防止大气中的灰尘及细菌对产品的污染，例如集成电路车间、精密仪器加工及装配车间等。

（五）其他特种状况的车间：是指生产过程中有爆炸可能性、大量腐蚀物、放射性散发物、防微振或防电磁波干扰要求等情况的厂房。

第五节 工业建筑的设计要求

一、设计要求

工业建筑设计过程是：建筑设计人员依据设计任务书和工艺设计人员提出的生产工艺设计资料和图纸，设计厂房的平面形状、柱网尺寸、剖面形式、建筑体形，合理选择结构方案和围护结构的类型，进行细部构造设计，最后协调建筑结构、水、暖、电、气、通风等各工种。工业建筑设计应贯彻"坚固适用、经济合理、技术先进"的原则，并满足以下要求：

（一）满足生产工艺的要求

生产工艺是工业建筑设计的主要依据。进行建筑设计之前，应该先做工艺设计并提出工艺要求，工艺设计图是生产工艺设计的主要图纸，包括工艺流程图、设备布置图和管道布置图。生产工艺的要求就是该建筑使用功能上的要求，建筑设计在建筑面积、平面形状、柱距跨度、剖面形式、厂房高度以及结构方案和构造措施等方面，必须满足生产工艺的要求。

（二）满足建筑技术的要求

1.工业建筑的坚固性及耐久性应符合建筑的使用年限要求。建筑设计应为结构设计的经济合理性创造条件，使结构设计更有利于满足安全性、适用性和耐久性的要求。

2.建筑设计应使厂房具有较大的通用性和改建、扩建的可能性。

3.应严格遵守相关规定,合理选择厂房建筑设计参数（柱距、跨度、柱顶标高、多层厂房的层高等），采用标准的、通用的结构构件，尽量做到设计标准化、生产工厂化、施工机械化，从而提高厂房建造的工业化水平。

（三）满足建筑经济的要求

1.在不影响卫生、防火及室内环境要求的条件下，将若干个车间（不一定是单跨车间）合并成联合厂房，对现代化连续生产极为有利。因为联合厂房占地较少，导致外墙面积也相应减小，还缩短了管网线路，使用灵活，能满足工艺更新的要求。

2.应根据工艺要求、技术条件等，尽量采用多层厂房，以节约用地等。

3. 在满足生产要求的前提下设法缩小建筑体积，通过充分利用空间，合理减少结构面积，提高使用面积。

4. 在不影响厂房的坚固耐久、生产操作、使用要求和施工速度的前提下，应尽量降低材料的消耗，从而减轻构件的自重和降低建筑造价。

5. 设计方案应便于采用先进的、配套的结构体系及工业化施工方法。但是，必须结合当地的材料供应情况，施工机具的规格、类型以及施工人员的技能来考虑。

（四）满足卫生及安全的要求

1. 应有与厂房所需采光等级相适应的采光条件，以保证厂房内部工作面上的照度满足要求；应有与室内生产状况及气候条件相适应的通风措施。

2. 能排除生产余热、废气，提供正常的卫生、工作环境。

3. 对散发出的有害气体、有害辐射、严重噪声等，应采取净化、隔离以及消声、隔声等措施。

4. 美化室内外环境，注意厂房内部的水平绿化、垂直绿化及色彩处理。

5. 总平面设计时，应将有污染的厂房放在下风位。

二、工业建筑施工测量

工业建筑以厂房为主体，一般工业厂房采用预制构件在现场装配的方式施工。厂房的预制构件有柱子、吊车梁和屋架等。因此，工业建筑施工测量的工作主要是保证这些预制构件安装到位。

学习环境：查询工业建筑施工测量规范，参观学校所在城市工业厂房施工测量的工作，然后在专业教师的指导下完成本任务。

仪器工具：全站仪、经纬仪、水准仪、计算器和水准尺等。

（一）工业建筑施工测量要求

1.在施工的建筑物或构筑物外围，应建立线板或控制桩。线板应标记中心线编号，并测设标高。线板和控制桩应注意保存。

2.施工测量人员在大型设备基础浇筑过程中，应及时看守观测，当发现位置及标高与施工要求不符时，应立即通知施工人员，及时处理。

3.测设备工序间的中心线，宜符合下列规定：当利用建筑物的控制网测设中心线时，其端点应根据建筑物控制网相邻的距离指示桩,以内分法测定。进行中心线投点时,经纬仪的视线,应根据中心线两端点确定,当无可靠校核条件时,不得采用测设直角的方法进行投点。

4. 构件的安装测量工作开始前,必须熟悉设计图,掌握限差要求,并制订作业方案。

5. 柱子、桁架或梁的安装测量的允许偏差,应符合表4-1的规定。

6. 构件预安装测量的允许偏差,应符合表4-2的规定。

7. 附属构筑物安装测量的允许偏差,应符合表4-3的规定。

8. 设备安装过程中的测量,应符合下列规定:设备基础中心线的复测与调整。基础竣工中心线必须进行复测,两次测量的较差不大于5毫米。埋设有中心标板的重要设备基础,其中心线由竣工中心线引测,同一中心线标点的偏差应在 ±1毫米。纵横中心线应进行垂直度的检测,并调整横向中心线。同一设备基准中心线的平行偏差或同一生产系统的中心线的直线度应在 ±1毫米内。设备安装基准点的高程测量,一般设备基础基准点的标高偏差应在 ±2毫米。转动装置有联系的设备基础,其相邻两基准点的标高偏差应在 ±1毫米。

单位：mm

表 4-1 柱子、桁架或梁的安装测量允许偏差 [2]

测量内容	测量的允许偏差
钢柱垫板标高	±2
钢柱 ±0 标高检查	±2
混凝土柱（预制）±0 标高	±3
混凝土柱、钢柱垂直度	±3
桁架和实腹梁、桁架和钢架的支承结点间相邻高差的偏差	±5
梁间距	±3
梁面垫板标高	±2

表 4-2 构件预装测量的允许偏差 [3]

测量内容	测量的允许偏差
平台面抄平	±1
纵横中心线的正交度	±0.8
顶装过程中的抄平工作	±2

表 4-3 附属构筑物安装测量的允许偏差 [4]

测量项目	测量的允许偏差
栈桥和斜拉桥中心线的投点	±2
轨面的标高	±2
轨道跨距的丈量	±2
管道构件中心线的定位	±2
管道标高的测量	±5
管道垂直度的测量	H/1000

（二）测设方法与放样数据计算

工业建筑定位方法主要有极坐标法、方向线交会法、直角坐标法、距离交会法、角度交会法和全站仪任意设站法，以及 GPS-RTK（Global Positioning System Real Time Kinematic）放样等方法。

---

② 贺太全主编.建筑施工测量技术 [M].北京：金盾出版社,2016.

③ 贺太全主编.建筑施工测量技术 [M].北京：金盾出版社,2016.

④ 贺太全主编.建筑施工测量技术 [M].北京：金盾出版社,2016.

园区总平面设计和单个厂房设计，具体放样点的坐标和尺寸为虚设的，在教学过程中只能作为教学案例。具体实施步骤如下：

第一步：工业厂房控制网的测设。

工业建筑场地的施工控制网建立后，不仅要对每个厂房或车间进行施工放样，还需对每个厂房或车间建立厂房施工控制网。由于厂房多为排柱式建筑，跨度和间距大，因此厂房施工控制网多数布设成矩形，故也称厂房矩形控制网或简称厂房矩形网。

1.布网前的准备工作

（1）了解厂房平面布置情况，以及设备基础的布置情况。

（2）了解厂房柱子中心线和设备基础中心线的有关尺寸、厂房施工坐标和标高等。

（3）熟悉施工场地的实际情况，如地形变化、放样控制点的应用等。

（4）了解施工的方法和程序，熟悉各种图纸资料。

2.厂房控制网的布网方法

（1）角桩测设方法

布置在基坑开挖范围以外的厂房矩形控制网的四个角点，

称为厂房控制桩。角桩测设法是根据工业建筑厂区的方格网，利用直角坐标法直接测设厂房控制网的四个角点。用木桩标定后，检查角点间的角度和距离关系，并做必要的误差调整。一般来说，角度误差不应超过 ±10°，边长相对误差不得超过1/10000。这种形式的厂房矩形控制网适用于精度要求不高的中小型厂房。

（2）主轴线测设方法

厂房主轴线指厂房长、短两条基本轴线，一般是互相垂直的主要柱列轴线或设备基础轴线，它是厂房建设和设备安装平面控制的依据。主轴线测设方法步骤如下：

①首先根据厂区控制网定出厂房矩形网的主轴线，如图4-1所示。其中 A、O、B 为主轴线点，它们可根据厂区控制网或原有控制网测设，并适当调整使三点在一条直线上。然后在 O点测设 OC 和 OD 方向，并进行方向改正，使两主轴线严格垂直，主轴线交角误差为 ±（3°~5°）。轴线方向调整好后，以 O 点为起点精密量距，确定主轴线端点位置，主轴线边长精度不低于 1/30000。

②根据主轴线测设矩形控制网。如图 6-1 所示，分别在 A、B、C、D 处安置经纬仪，后视 O 点，测设直角，交会出 E、F、G、

H 各厂区控制桩，然后再精密丈量 AH、AE、GB、BF、CH、CG、DE、DF，其精度要求与主轴线相同。若量距所得交点位置与角度交会所得点位置不一样，则应调整。

第二步：柱列轴线的测设和柱基施工测量。

1. 柱列轴线的测设

根据厂房平面图上所注的柱间距和跨距尺寸，用钢尺沿矩形控制网各边量出各柱列轴线控制桩的位置，并打入大木桩，桩顶用小钉标出点位，作为柱基测设和施工安装的依据。丈量时应以相邻两个距离指标桩为起点分别进行，以便检核。

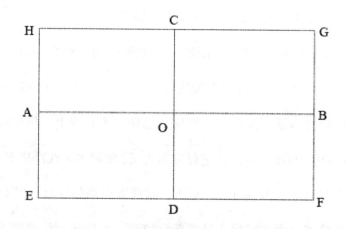

图 4-1 用主轴线测设厂房控制[⑤]

2. 柱基定位和放样

（1）安置两台经纬仪，在两条互相垂直的柱列轴线控制桩

---

⑤ 贺太全主编. 建筑施工测量技术 [M]. 北京：金盾出版社，2016.

上，沿轴线方向交会出各柱基的位置（柱列轴线的交点），此项工作称为柱基定位。

（2）在柱基的四周轴线上，打入四个定位小木桩，其桩位应在基础开挖边线以外，比基础深度大 1.5 倍的地方。桩顶采用统一标高，并在桩顶用小钉标明中线方向，作为修坑和立模的依据。

（3）按照基础详图所注尺寸和基坑放坡宽度，用特制角尺，放出基坑开挖边界线，并撒出白灰线以便开挖，此项工作称为基础放样。

（4）在进行柱基测设时，应注意柱列轴线不一定都是柱基的中心线，而一般立模、吊装等习惯用中心线。此时，应将柱列轴线平移，定出柱基中心线。

3. 柱基施工测量

（1）基坑开挖深度的控制

当基坑挖到一定深度时，应在基坑四壁离基坑底设计标高 0.5 米处，测设水平桩，作为检查基坑底标高和控制垫层的依据。此外还应在坑底边沿及中央打入小木桩，使桩顶高程等于垫层设计高程，以便在桩顶拉线打垫层。

（2）杯形基础立模测量

杯形基础立模测量有以下三项工作：

①基础垫层打好后，根据基坑周边定位小木桩，用拉线吊锤球的方法，把柱基定位线投测到垫层上，弹出墨线。用红漆画出标记，作为柱基立模板和布置基础钢筋的依据。

②立模时，将模板底线对准垫层上的定位线，并用锤球检查模板是否垂直。

③将柱基顶面设计标高测设在模板内壁，作为浇灌混凝土的高度依据。在支撑底模板时，顾及柱子预制时可能有超长的现象，应使浇灌后的杯底标高比设计标高略低 3~5 厘米，以便拆模后填高修平杯底。

第三步：工业厂房构件的安装测量。

在建筑工程施工中，为了缩短施工工期，确保工程质量，随着建筑工程施工机械化程度的提高，将以往采用的现场浇筑钢筋混凝土改为工业化生产预制构件，并在施工现场安装主要构件。在构件安装之前，必须仔细研究设计图纸所给预制构件尺寸，查验预制实物尺寸，考虑作业方法，使安装后的实际尺寸与设计尺寸相符或在容许的偏差以内。单层工业厂房主要由柱子、吊车梁、吊车轨道和屋架等组装而成。从安装施工过程来看，柱子的安装最为关键，它的平面、标高以及垂直度的准确性，将影响其他构件的安装精度。

1. 柱子安装测量

（1）柱子安装应满足的基本要求

柱子中心线应与相应的柱列轴线一致，其允许偏差为 ±5 毫米。牛腿顶面和柱顶面的实际标高应与设计标高一致，其允许误差为 ±（5~8）毫米，柱高大于 5 米时为 ±8 毫米。柱身垂直允许误差是当柱高 ≤5 米时，为 ±5 毫米；当柱高 5~10 米时，为 ±10 毫米；当柱高超过 10 米时，则为柱高的 1/1000，但不得大于 20 毫米。

（2）柱子安装前的准备工作

柱子安装前的准备工作有以下几项：

①在柱基顶面投测柱列轴线。柱基拆模后，用经纬仪依据柱列轴线控制桩，将柱列轴线投测到杯口顶面上，并弹出墨线，用红漆画出"▼"标志，作为安装柱子时确定轴线的依据。如果柱列轴线不通过柱子的中心线，应在杯形基础顶面上加弹柱中心线。用水准仪在杯口内壁，测设一条一般为 0.6 米的标高线（一般杯口顶面的标高为 0.5 米），并画出"▼"标志，作为杯底找平的依据。

②柱身弹线。柱子安装前，应将每根柱子按轴线位置进行编号。在每根柱子的3个侧面弹出柱中心线，并在每条线的上端和下端近杯口处画出"▼"标志。

根据牛腿面的设计标高，从牛腿面向下用钢尺量出0.6米的标高线，并画出"▼"标志。

③杯底找平。先量出柱子的0.6米标高线至柱底面的长度，再在相应的柱基杯口内，量出0.600米标高线至杯底的高度，并进行比较，以确定杯底找平厚度，用水泥砂浆根据找平厚度，在杯底找平，使牛腿面符合设计高程。

（3）柱子的安装测量

柱子安装测量的目的是保证柱子平面和高程符合设计要求，柱身铅直。

①预制的钢筋混凝土柱子插入杯口后，应使柱子3个侧面的中心线与杯口中心线对齐，用木楔或钢楔临时固定。

②柱子立稳后，立即用水准仪检测柱身上的 ±0.000米标高线，其允许误差为 ±3毫米。

③将两台经纬仪分别安置在柱基纵横轴线上，经纬仪离柱子的距离不小于柱高的1.5倍。先用望远镜瞄准柱底的中心线标志，固定照准部后，再缓慢抬高望远镜观察柱子偏离十字丝

竖丝的方向，指挥用钢丝绳拉直柱子，直至从两台经纬仪中观测到的柱子中心线都与十字丝竖丝重合为止。

④在杯口与柱子的缝隙中浇入混凝土，以固定柱子的位置。

⑤在实际安装时，一般是一次把许多柱子都竖起来，然后进行垂直校正。这时，可把两台经纬仪分别安置在纵横轴线的一侧，一次可校正多根柱子，但仪器偏离轴线的角度 β 应在15°以内。

（4）柱子安装测量的注意事项

①由于安装施工现场场地有限，往往安置经纬仪离目标较近，照准柱身上部目标时仰角较大。为了减小经纬仪横轴不垂直于竖轴造成的倾斜面投影的影响，仪器必须进行检验校正，尤应注意横轴垂直于竖轴的检验。当发现存在这种误差时，必须校正好后方能使用或更换一台满足条件的经纬仪。

②由于仰角较大，仪器如不严格整平，竖轴可能不铅垂，导致仪器产生倾斜误差。此时，远处高目标照准投影误差较大，因而仪器安置必须严格整平。

③在强烈阳光下安装柱子，要考虑到各侧面受热不均产生柱身弯曲变形影响。其规律是柱子向背阴的一面弯曲，使柱身上部中心位置有水平位移。为此，应选择有利的安装时间，一

般早晨或阴天较好。

④为了校正柱子上部偏离中心线位置而用锤敲打下部杯口木楔或钢楔时，不应使下部柱子有位移，要确保柱脚中心线标记与杯口上的中心线标记一致，致使柱身上部做倾斜位移。

2. 吊车梁安装测量

吊车梁安装测量主要是保证吊车梁中线位置和吊车梁的标高满足设计要求。

（1）吊车梁安装前的准备工作

①在柱面上量出吊车梁顶面标高。根据柱子上的内容有误标高线，用钢尺沿柱面向上量出吊车梁顶面设计标高线，作为调整吊车梁面标高的依据。

②在吊车梁上弹出梁的中心线。在吊车梁的顶面和两端面上，用墨线弹出梁的中心线，作为安装定位的依据。

③在牛腿面上弹出梁的中心线，根据厂房中心线在牛腿面上投测出吊车梁的中心线。投测方法如下：利用厂房纵轴线，根据设计轨道间距，在地面上测设出吊车梁中心线（也是吊车轨道中心线）。在吊车梁中心线的一个端点上安置经纬仪，瞄准另一个端点，固定照准部，抬高望远镜，即可将吊车梁中心线投测到每根柱子的牛腿面上，并用墨线弹出梁的中心线。

（2）吊车梁的安装测量

安装时，首先使吊车梁两端的梁中心线与牛腿面梁中心线重合，误差不超过 5 毫米，这是吊车梁初步定位。其次采用平行线法，对吊车梁的中心线进行检测，校正方法如下：

①在地面上，从吊车梁中心线向厂房中心线方向量出长度，得到平行线。

②在平行线一端点上安置经纬仪，瞄准另一端点，固定照准部，抬高望远镜进行测量。

③此时，另外一人在梁上移动横放的木尺，当视线正对水准尺上 1 米刻画线时，尺的零点应与梁面上的中心线重合。

吊车梁安装就位后，首先按柱面上定出的吊车梁设计标高线对吊车梁面进行调整，然后将水准仪安置在吊车梁上，每隔 3 米测一点高程，并与设计高程比较，误差应在 5 毫米以内。

（3）吊车轨道安装测量

吊车安装前，采用平行线方法检测梁上吊车轨道中心线。轨道安装完毕后，应进行以下几项检查：

①中心线检查。安置经纬仪于轨道中心线上，检查轨道面上的中心线是否都在一条直线上，误差不超过 3 毫米。

②跨距检查。用检定后的钢尺悬空丈量轨道中心线间的距离，并加上尺长、温度及其他改正。它与设计跨距之差不超过5毫米。

③轨道标高检查。用水准仪根据吊车梁上的水准点检查，在轨道接头处各测一点，允许误差为 ±1毫米。中间每隔6米测一点，允许偏差 ±2毫米，两根轨道相对标高允许偏差 ±10毫米。

第六节　工厂总平面设计

工厂总平面设计是根据全厂的生产工艺流程、交通运输、卫生、防火、风向、地形和地质等条件确定建筑物和构筑物的布局。合理地组织人流和货流，避免交叉和迂回。合理布置各种工程管线，进行厂区竖向设计，美化和绿化厂区等。建筑物布局时，应保证生产运输线最短，不迂回，不交叉干扰，并保证各建筑物的卫生和防火要求等。工厂的总平面设计反映了设计师对整个工厂布局的宏观把控，合理的总平面设计能够减少工程项目的成本，加快工厂建设的施工进度，对工厂今后的生产也有很大的帮助。

一、工厂厂址选择原则

工厂总平面的功能分区一般包括生产区和厂前区两大部分。生产区主要布置生产厂房、辅助建筑、动力建筑、原料堆场、备品及成品仓库、水塔和泵房等。厂前区主要布置行政办公楼等。各厂房在总平面的位置确定后，其平面设计会受总图布置的影响和约束，工厂总平面图在人流及物流组织、地形和风向等方面对厂房平面形式有直接影响。

（一）厂址选择必须符合工业布局和城市规划的要求，并按照国家有关法律、法规及建设前期工作的规定进行。

（二）配套的居住区、交通运输、动力公用设施、废料场及环境保护工程等用地，应与厂区用地同时选择。

（三）厂址选择应在对原料和燃料及辅助材料的来源、产品流向、建设条件、经济、社会、人文和环境保护等各种因素进行深入的调查研究，并进行多方案技术对比，经济比较靠后的择优确定。

（四）厂址宜靠近原料、燃料基地或产品主要销售地，并有方便、经济的交通运输条件。

（五）厂址应有必需的水源和电源，用水、用电量特别大的工业企业，宜靠近水源和电源。

（六）散发有害物质的工业企业厂址，应位于城镇、相邻工业企业和居住区全年最小频率风向的上风侧，不应位于窝风地段。

（七）厂址的工程地质条件和水文地质条件要好。

（八）厂址应选择适宜的地形，应有必需的场地面积，还应适当留有发展的余地。

（九）厂址应有利于工厂同关系密切的其他单位之间的协作。

二、工业建筑的总平面设计的主要内容

（一）合理地进行用地范围内建筑物、构筑物及其他工程设施的平面布置，处理好相互间关系。

（二）结合场地状况，确定场地排水，计算土方工程量、建筑物和道路的标高，并合理地进行竖向布置。

（三）根据使用要求，合理选择交通运输方式，搞好道路路网布置，组织好厂区内的人流、货运流线。

（四）协调室内外及地上、地下管线敷设的管线综合布置。

（五）布置厂区绿化，做好环境保护，考虑处理"三废"和综合利用的场地位置。

（六）与工艺设计、交通运输设计和公用工程（水电气供应等）设计等相配合。

三、工业建筑总平面设计要点

（一）应在满足生产的需要和防火、安全、通风和日照等要求的同时，尽量节约用地，紧凑布置。

（二）建筑物的平面轮廓宜采用规整的形状，避免造成土地浪费和增加建造难度。

（三）充分利用厂区的边角、零星材料布置次要辅助建、构筑物和堆场等。有铁路运输的工厂，应合理选择线路接轨处，使铁路进场专用线与厂区形成的夹角控制在 60° 左右，以减少扇形面积，提高土地利用率。

（四）尽量少占或不占耕地，充分利用荒地、坡地、劣地及河、湖海滩等区域。

（五）将分散的建筑物合并成联合厂房，可以节约用地、缩短运距和管线长度，减少投资。且有利于机械化、自动化，可以适应工艺的不断发展和变化。

四、总平面中生产厂房设计要点

厂区还可细分为厂前区、生产区和仓库区，有些厂还需设计生活区。各个部分的设计要点如下：

（一）厂前区一般安排产品销售、行政办公产品设计研究和质量检验及检测中心（或中心化验室），根据不同的需要将各个部分建筑集中或分散布置。

（二）生产区根据工艺流程来安排生产顺序，一般是"原材料检验→零配件粗加工→零配件细加工→装配→试车→产品检验→产品包装→入库"。应根据不同生产性质布置各种工序工种厂房,有的产品可集中在大厂房中,有的则需分散布置。

（三）仓库区一般分为三个部分:一是原料库,主要存放够一个周期生产的备用原材物料。二是设备库,用于储备生产设备、备用件及需要及时更换的零配件,其储存量应能保证生产使用。三是成品库,用于及时存放已包装的待售产品。仓库的设置要结合生产流程,原料库放在工艺流程的上游,成品库放在下游,设备库可根据各工序和需要分散存放于各流程之中。仓库的设置还要根据运输条件,如大宗原材料及成品运输可能涉及铁路和公路专用线,需建设相应的货台方便装卸。至于仓库容积的大小,可根据生产储备的需要量和现代物流行业的需求情况来确定,仓库的平面布置则需根据生产规模、原材料产地及运输条件诸多因素来确定。

（四）生活区一般分为两个部分:一是在厂内必须设置的更衣室、浴室和食堂,这个部分有的单独设置,也有的分散安排于车间,对生产性质不间断的某些小厂,也可设计在厂外。二是供职工生活的居住区,包括单身职工宿舍及家属住宅,特别是远离城市的工矿厂区更需要考虑。

随着经济快速发展，以往以功能为主的总平面设计已经不能满足现代工业建筑的发展要求。因此，在设计中除了要考虑留足建筑间距，保证房屋的日照通风条件，还要考虑对环境的要求及良好的服务功能，例如，应配备漫步、晒太阳、遮阴、聊天等户外活动场所。特别是在厂前区和生活区，也与民用建筑一样要求进行绿化、美化，最终建设出无污染、环境优美的园林化的工厂。

五、建筑工业化

（一）工业4.0时代

1. 概述

工业4.0是德国政府提出的一个高科技战略计划。该项目由德国联邦教育局及研究部和联邦经济技术部联合资助，投资预计达2亿欧元。旨在提升制造业的智能化水平，建立具有适应性、资源效率的智慧工厂，在商业流程以及价值流程中整合客户及商业伙伴。其技术基础是网络实体系统及互联网。

德国所谓的工业4.0（Industry4.0）是指利用物联信息系统（Cyber-Physical System，CPS）将生产中的供应、制造、销售信息数据化和智慧化，达到快速、有效、个人化的产品供应。

工业 4.0 已经进入中德合作新时代，在中德双方 2014 年 10 月签署的《中德合作行动纲要》中，有关工业 4.0 的合作内容共有 4 条。第一条就明确提出工业生产的数字化即"工业 4.0"对于未来中德经济发展具有重大意义。双方认为，两国政府应为企业参与该进程提供政策支持。

工业 1.0 是机械制造时代，工业 2.0 是电气化与自动化时代，工业 3.0 是电子信息化时代。"工业 4.0"描绘了一个通过人、设备与产品的实时联通与有效沟通，构建一个高度灵活的个性化和数字化的智能制造模式。

"工业 4.0"概念包含了由集中式控制向分散式增强型控制的基本模式转变，目标是建立一个高度灵活的个性化和数字化的产品与服务的生产模式。在这种模式中，传统的行业界限将消失，并会产生各种新的活动领域和合作形式。创造新价值的过程正在发生改变，产业链分工将被重组。

德国学术界和产业界认为，"工业 4.0"概念即以智能制造为主导的第四次工业革命。该战略通过充分利用信息通信技术和网络空间虚拟系统以及信息物理系统相结合的手段，使制造业向智能化转型。

2. 发展现状

工业自动化是德国得以启动工业 4.0 的重要前提之一，主要是在机械制造和电气工程领域。目前在德国和国际制造业中广泛采用"嵌入式系统"，正是将机械或电气部件完全嵌入受控器件内部，是一种特定应用设计的专用计算机系统。数据显示，这种"嵌入式系统"每年获得的市场效益高达 200 亿欧元，而这个数字到 2020 年已经提升至 400 亿欧元。

有专家预计，不断推广的工业 4.0 将为德国的西门子、ABB 等机械和电气设备生产商，以及菲尼克斯电气（Phoenix Contact）、浩亭（Harting）以及魏德米勒（Wei-dmuller）等中小企业带来大量订单。

德国联邦贸易与投资署专家杰罗姆·赫尔（Jerome·Hull）表示，工业 4.0 是运用智能去创建更灵活的生产程序，支持制造业的创新以及更好地服务消费者，它代表着集中生产模式的转变。所谓的系统应用、智能生产工艺和工业制造，并不是一种简单的生产过程，而是产品和机器的沟通交流，产品来告诉机器该怎么做。生产智能化在未来是可行的，将工厂、产品和智能服务通联起来，在新的制造业时代将是一件非常正常的事情。

工业4.0涉及诸多不同企业、部门和领域，以不同速度发展的渐进性过程，跨行业、跨部门的协作成为必然。在汉诺威工业博览会上，由德国机械设备制造业联合会（VDMA，Verband Deutscher Maschinen- und Anlagenbau）、德国电气和电子工业联合会（ZVEI，Zentralverband Elektrotechnik-Industrie）以及德国信息技术、通讯、新媒体协会（BIT-KOM，Bundesverband Informationswirtschaft, Telekommunikation und neue Medien e.V.）三个专业协会共同建立的工业4.0平台正式成立。

3. 标准制定

标准化的缺失实际上是德国工业4.0项目推行过程中遭遇的另一个困难。设备不仅必须会说话，而且必须讲同一种语言，即通向数据终端的"接口"。

德国致力于成为这个标准的制定者和推广者。但德国官方并没有透露这些标准的相关内容。据悉，标准的制定工作正在紧锣密鼓地进行。近日，工业4.0平台发布了一个工业数据空间，访问者可以通过该空间获取世界上所有工业的信息。这个空间有着统一的"接口"标准，并且允许所有人对其进行访问。

探索标准化的还有他人。事实是，为了应对去工业化、将物联网和智能服务引入制造业的国家并非只有德国一个。尽管提法不同，但内容却类似，如美国的"先进制造业国家战略计划"、日本的"科技工业联盟"和英国的"工业 2050 战略"等。而中国制造业顶层设计"中国制造 2025"已经在 2015 年上半年推出。

2014 年 10 月中德双方发表了《中德合作行动纲要：共塑创新》，宣布两国将开展工业 4.0 合作，该领域的合作有望成为中德未来产业合作的新方向。而借鉴德国工业 4.0 计划，是"中国制造 2025"的既定方略。

中国工业转型在中国转变经济增长模式的过程中扮演着重要角色。重新平衡经济发展，即减少以投资和出口为基础的增长，寻求更多地来自内需驱动的增长至关重要。为了实现这一目标，中国需要实现工业现代化。为了保持 GDP（Gross Domestic Product）在一个稳定的增长水平上，它需要从劳动密集型生产模式切换至高效的高科技生产模式。劳动力成本急剧上涨，并且在将来仍会继续扩大。中国将在不久的将来面临合格人才的短缺。从长期来看，只有那些进入高端制造业的企业才有机会留在市场里。这种由现代化所带来的压力将影响到中国几乎所有的行业，而工业自动化和新一代信息技术的集成是关键。

工业 4.0 可以为中国提供一种未来工业发展的模式，解决眼下面临的一些挑战，如资源和能源效率、城市生产和人口变化等。

随着中国的加入，德国对工业 4.0 标准的制定或将加速。

（二）预制化数据中心

1. 概述

时至今日，传统数据中心的建设方式面临的挑战，已清晰地展现在从业者的面前。尤其是大型、超大型数据中心动辄数年的建设周期，早已无法满足用户业务的快速发展需求。无论是将数据中心还是成本中心作为业务重心，这一问题都已成为制约业务发展的瓶颈。同时，规划与现实的巨大落差已让数据中心业主无法承受。这类问题覆盖了从可用性、PUE（Power Usage Effectivenes），到温度场均衡、耗水量等，不一而足。一些极端的案例显示，规划预期约 1.6 的 PUE，在数据中心建成后甚至会高于 3.0。

这类问题的出现，很大程度上源于传统数据中心的规划理念与建设方式，通常这类设计方案至少需要在建设初期便照顾到终期业务量的需求。正是因为这一点，前期供电和制冷的过度配置几乎是无法避免的。

此外，传统数据中心对应的现场施工量巨大等因素，还会进一步导致设计与交付的质量存在差异等一系列问题。

正是这种需求与实践的差异，推动了新一代数据中心的建设。如今，业界对相关趋势的演进已经达成共识，即预制化数据中心将成为未来发展的趋势。

随着大数据时代的到来，面对爆发增长的业务与突发的云服务需求，数据中心作为信息处理的大脑，要适应业务的快速增长和弹性扩展。而传统数据中心以土建和现场施工作业为基础，存在建设周期长、质量不可控和无法灵活扩展等问题，俨然成为业务发展的瓶颈。预制化数据中心提出"预先设计、工厂生产、现场拼装"的数据中心建设新理念，通过预制化和标准化，很好地解决了上述问题。目前，百度、腾讯、阿里巴巴、施耐德和爱默生等公司都在推进自己的预制化数据中心。

百度首个预制化集装箱数据中心在北京建成投产，标志着百度在大数据时代将预制模块化数据中心从概念变为现实，也预示着国内数据中心建设的新模式和新方向。百度 M1 数据中心运维效率业界领先，新业务的快速发展急需在北京地区解决 2000 个机架位。由于机房楼不可扩展，在数据中心周边布置预制集装箱成为解决问题的首选。集装箱与 M1 数据中心混合方案实现 IT 设备与机房建筑及机电设备的解耦，将扩容工程变成了"按需部署、即装即用"的产品，并针对特殊场景做了诸多创新，开国内互联网公司预制集装箱数据中心应用的先河。

2. 预制化数据中心特点

预制化数据中心特点是产品化、快速交付、按需部署和更绿色。

（1）产品化

意味着数据中心建设不再以工程装修为主，取而代之的是以产品化的思维进行设计和需求定制，以及现代化的工厂进行产品质量管控。百度预制集装箱包含的制冷系统、配电系统、动环监控系统、消防系统、安防系统和 IT 系统等，从功能和物理两个维度打包成子模块，各子模块输出接口标准化，并通过工厂预制将这些模块进行优化组合和箱内拼装。组装的过程并不是简单地拼接和堆砌，更要考虑"生态平衡"，做到布放空间的平衡、性能和可靠性的平衡、外观协调性的平衡，打造了一个最优且稳定的数据中心生态系统。

（2）快速交付

产品化的设计极大地省去了前期工程设计量，集装箱从项目下订单到交付使用仅仅需要两个月。产品化和接口标准化的箱体降低了现场安装要求，集装箱进场到完成部署就位仅花费5个小时，接驳工作历时1天，项目交付的高效使传统数据中心无可匹敌。

（3）按需部署

传统数据中心建设的规模规划因无法预知未来业务需求的变化和投产后运行状态，建设略显盲从。预制集装箱则以需求为前提做预先设计，借助产品仿真测试精准预测运行状态，集装箱运输到现场，以"搭积木"方式进行搭建，数据中心真正实现按需求容量，进行精准投放，大大提升了使用率和运营效率。

（4）更绿色

让数据中心更绿色一直是数据中心建设追求的极致艺术。百度集装箱采用先进的保温及防冷桥措施，箱体完全封闭将冷量损失降到最低。采用市电直供加模块化 UPSECO（Uninterruptible Power Supply Economy Control Operation）双路供电架构，系统效率提升至99%。无冷凝水设计的列间空调就近布置，显著提升冷却效率。经过测试，集装箱 PUE 值降低到惊人的 1.05，达到业界同类产品的顶尖水准。除了布局效果和水电设备带来的效率提高，提升计算能力，放置"高功率密度"服务器也成为效率提升的重要措施。据了解，百度集装箱为机电设备与 IT 并存的"一体箱"模式，箱体内部署的服务器超过 1000 台，单机柜功耗达 20kW。同时支持百度专用的 GPU 服务器，在这种情况下的计算能力较传统方式提升数十倍。

3. 预制化数据中心优势

所谓预制化数据中心，从最直观的建设流程上看，是指数据中心的大部分建设工作在工厂完成，即部分基础设施按照实际物理摆放，在工厂预先做好生产安装，以集装箱的方式运输到现场。在出厂前进行方案联调，到现场后就位安装。这一建设方式，具有工程量小、安装简单、建设周期大幅缩短等优势。

同时，相对于传统数据中心，预制化数据中心更能适应特定项目的地理位置、气候技术规范、IT 应用及商业目标，同时可充分利用模块设计和预制的高效性和经济性。具体来看，预制化数据中心包括了以下优势：

（1）部署速度优势

预制化数据中心可以节省近 10 个月的时间部署，希望加快数据中心部署速度的组织机构可以积极考虑这种模式。部署速度优势主要体现在如下方面：

①对于有重复建设需求的客户，可以将数据中心设计标准化，从而节省新项目的设计时间。

②将数据中心的基建工作和数据中心基础设施建设由过去的串行改为并行，从而缩短建设周期。

③避免传统建设方式中因不同设备到货周期不同而造成工期延误的问题。

（2）可扩展性优势

由于预制化数据中心是以模块化的方式来进行设计和预制的，可扩展性便成了其先天的属性。这一优势可以让客户实现数据中心随需建设，降低数据中心建设一次性的资金投入，帮助客户提升资金利用率。

（3）可靠性

预制化数据中心践行的是将工程产品化的设计原则，减少现场安装的工程量，弱化工程施工质量问题对系统可靠性带来的影响。

（4）性能优势

由于预制化数据中心的所有系统是统一进行设计和配置的，这就产生了一种紧密集成的设备，使它能够满足可用性和效率的最高标准。同时，因为其在工厂可控的环境下进行组装，所以供应商在产品出厂前，可以更好地控制工艺的配合性、加工及质量，以支持更全面地预检验和最优化。

一部分将数据中心作为业务的用户，更为关注其最优投资成本。而另一部分将数据中心作为成本中心的用户，对其可用性的追求则似乎永无止境。显然，无论是何种需求类型，预制化数据中心相较传统数据中心的优势，都非常明显。

4. 预制数据中心展望

预制集装箱只是预制化数据中心的开始，百度等公司还推出了其他预制化产品，以适应差异化场景解决差别性问题，也进一步勾勒出未来数据中心发展的轨迹。相信在不远的未来，数据中心将全面走向预制化，可根据业务需求灵活重配。

第七节　现代工业建筑发展趋势

随着社会的发展和物质水平的提高，在满足工艺要求的基础上，工业建筑的设计更加重视以人为本的理念。目前，我国的工业建筑设计也在这样的发展大潮流下越来越淡化了与民用建筑之间的界限，工业建筑也有了更多的公共建筑的特性。

一、工业建筑向高强、轻质、巨大发展

高强是指材料强度高。随着技术的发展，建筑中已经出现了强度越来越高的材料，如高强混凝土。轻质是指材料的质量小，在建筑中可减少建筑的自重。巨大是指厂房的空间巨大，如工业建筑中钢架结构和排架结构等能够提供大空间和大跨度，方便大型机械的进出、安装及拆卸。巨大的空间结构也能节约土地资源，避免运输道路占用过多的土地，将节省出来的土地改用于种植树木增加绿化带，美化环境。此外，利用材质较轻的骨架也可减少建筑自重，钢质的排架结构能承受较大的屋面荷载作用。在技术不断更迭的时代，工业生产升级为自动化和

机械化，运输工具也不断更新，工业厂房所承担的荷载也在不断降低，因此，轻质的钢架结构和排架结构越来越受到重视，逐步替代了笨重的钢筋混凝土结构。预制的构件能够快速地完成安装和拆卸，方便施工，加快了施工速度，使工期的要求也不再紧张，且因其安拆方便，有利于工业厂房的改建和扩建。

二、标准模块化发展趋势

模块化是现代建筑工业化常用的方式，即利用标准的柱网设计成标准单元模块。这是在工业化生产和机械化生产施工中应运而生的一种设计方式，对厂房的扩建有很好的适应性，还能减少装配构件的类型。

三、可持续发展

可持续发展是指加强对自然资源的利用，减少投资，并进行节能管理。由于工业建筑具有空间大、投资大、使用期限长的特点，所以对可持续发展有较高的要求，在其平面布置和局部装修设计等方面都要考虑。此外，工业建筑也要考虑与人及人的生活环境紧密结合，做到满足工业生产要求的同时也要符合现代人的生活方式，例如合理的通风设计可减少空调的使用。

四、强调文化性

工业建筑虽与一般民用建筑有所区别，但它们都需要塑造一个与环境交融的形象和满足一定的需求。基于此，在设计时不但要与时俱进，还要因地制宜，从而创造出既新颖而又具有文化底蕴的建筑，体现文化艺术气息。

工业生产技术发展迅速，生产体制变革和产品更新换代频繁，厂房在向大型化和微型化两极发展的同时，还要普遍要求在使用上具有更大的灵活性，以利发展和扩建，并便于运输机具的设置和改装。工业建筑设计的趋向有以下六方面：

（一）适应建筑工业化的要求。扩大柱网尺寸，平面参数、剖面层高尽量统一，楼面、地面荷载的适应范围扩大，厂房的结构形式和墙体材料向高强、轻型和配套化发展。

（二）适应产品运输的机械化、自动化要求。为提高产品和零部件运输的机械化和自动化程度，提高运输设备的利用率，应尽可能将运输荷载直接放到地面，以简化厂房结构。

（三）适应产品向高、精、尖方向发展的要求，要对厂房的工作条件提出更高要求。如采用全空调的无窗厂房（也称密闭厂房），或利用温湿条件相对稳定、防震性能好的地下厂房。当前，地下厂房已成为工业建筑设计中的一个新领域。

（四）适应生产向专业化发展的要求。不少国家采用工业小区（或称工业园地）的做法，或集中一个行业的各类工厂，或集中若干行业的工厂，在小区总体规划的要求下进行设计，小区面积由几十公顷到几百公顷不等。

（五）适应生产规模不断扩大的要求。因用地紧张，多层工业厂房日渐增加，除独立的厂房，多家工厂共用一幢厂房的工业大厦也已出现。

（六）提高环境质量。随着环境保护意识的不断加强，对厂房的环保要求越来越高。

第五章 绿化设计及生态设计原则

居住空间环境设计要遵循自然生态和人工生态原则。生态设计，也称为绿色设计，是基于可持续发展的观点，根据空间内具体条件，利用各项节能技术最大限度减少对环境的破坏，并创造出健康舒适的居住环境的设计技术。

当今建筑发展的主题元素，主要包括以下几个方面：建筑创造能源、建筑施工能源、运行和维护能源、拆除建筑的能源等。节约化设计就是按照简洁和实用的方式进行设计，减少无谓的材料和能源的消耗，同时要减少有害物质的排放。尽量使用绿色自然、生态环保的资源，确保室内自然用光和通风的效果良好，使居住环境安全舒适。

第一节　绿化设计的三大构成

一、绿化设计的生理与心理需求

在居住空间环境中进行绿化设计，将会给长期生活在室内空间的人们带来更多的自然界的生机。现代化的建筑，越来越多地采用非原质、非传统的材料，而居住空间环境设计中能选用的自然装饰材料也越来越少。于是，人们开始呼唤"绿色设计""健康设计"的回归。在居住空间环境设计中引进自然的绿化景观，嗅其沁香，观其绿意，便成为居住空间环境设计重视的内容。

在居住空间环境设计中，人们巧妙地把自然景观、绿色植物、山石水景以及中国园林的设计元素引进室内，似清凉剂，给向往回归自然的都市人提供了一片理想的家园，并满足了人们对大自然意境追求的心理与生理的需求。同时，将绿化引进室内，与居住空间环境的装饰设计、陈设布置等一起，营造诗情画意，也是表现出对中国传统文化意识与风格继承的含义。

居住空间环境的绿化景观的生态效应是室内自然调节器，它可以清新空气、改善气候，有益于室内环境的良性循环。

二、绿色设计的三大要素

居住空间环境绿化设计是将植物、水景、石景引入室内空间，共同构成完整的绿化设计三大要素。

（一）室内植物

室内植物是室内绿化的核心元素。可以说，没有植物就无所谓室内绿化，所以，研究室内植物的布置与设计不仅要考虑周围的美学效果，更应考虑植物的生长环境，尽可能地满足植物正常生长的物质条件。

1. 光照与室内植物的生存关系

光是生命之源，更是植物生长的直接能量来源。植物利用叶片中的叶绿素吸收空气和水分，在光的驱动下转变为葡萄糖并释放出氧气，从而维持正常的生命活力。室内植物的健康成长，受光因素的三个特性影响，即光的照度、光照时间和光质。

2. 温度与室内植物的生存关系

植物属于变温生物，其体温常接近于气温（根部温度接近于土温），并随环境温度的变化而变化。温度对植物的重要性在于，植物的生理活动、生化反应都必须在一定的温度条件下进行。

3. 水与室内植物的生存关系

植物的体内绝大部分是水，占植物鲜重的75%~90%，因此，植物离不开水。在室内，除了水生植物的基质水外，主要以湿度的形式影响植物。生态学研究表明，水分对植物的生长影响也有最高、最低和最适三基点。低于最低点，植物萎蔫，生长停止、枯萎；高于最高点，根系缺氧，窒息、烂根；只有处于最合适范围内才能维持植物的水分平衡，以保证其正常生长。

4. 土壤与室内植物的生存关系

虽然现在已有无土栽培技术，但土壤仍然是绝大部分植物的生长基质。土壤对植物最显著的作用之一就是提供根系的生长环境。

5. 常用于室内栽种的主要植物种类

植物以丰富的形态和色彩，为室内环境增添了不少情趣。它还与家具等其他陈设一起，组成室内的一道变化无穷的风景线。目前，适合室内栽培的植物按观赏特点，可分为观叶植物、观花植物；按植物学分类，可分为木本植物、草本植物、藤本植物等。

木本类植物：印度橡胶树、垂榕、蒲葵、苏铁、棕竹、棕榈、茶花、罗汉楠、香榧、广玉兰、冬青、栀子、珊瑚树、大叶黄杨、海桐、石楠、月桂等。

草本类植物：龟背竹、文竹、吊兰、水仙、芍药、兰花、万年青、秋海棠等。

藤本类植物：大叶蔓绿绒、薜荔、绿萝、常春藤等。

（二）室内水景

水是居住空间环境绿化的另一审美要素。室内设计师可以借水景来调节室内的气氛，可用水景来形成绿化合成的纽带，也可成为室内绿化的构景中心。设置水景，会使居住空间环境富有生命力。水景具有形质美感、流动美感、音响美感。水可以使环境融入时空观念，水可以在室内妙造神境，在有限的居住空间环境中，水景可以让人们联想到浩渺江湖。

水景的要素通常包含以下几个方面：

静态水体在室内空间环境中，没有动态变化的特定区域水体景观，称之为静态水体。静态水体给人以清静幽雅之感。

动态水体利用可循环装置，使水面生成一定的波动或流动的效果称为动态水体。动态的水体会给人以生动轻快的感觉，同时也是创造室内音响美的重要因素。

利用机械原理使水面出现不同高度、花形的喷涌，称之为喷泉。从高处向下飞泻流动的水体，称之为瀑布。

（三）室内山石景观

自古以来人们对自然界中的山石景观就抱有浓厚的观赏兴趣，山石景观以其自身独具的形状、色泽、纹理和质感，被人们选择并运用在室内空间中与植物、水景共同构成一曲室内绿化的交响乐章。室内山石景观在选材中通常包含以下几种山石：

湖石，也称太湖石，因盛产于太湖一带而取其名。岩石中的石灰质由于水的溶解，蚀面凹凸多变，剔透穿孔，如天饰造化。湖石是中国园林中、室内内庭中常用的石材。

房石，也称房山石，房山位于北京市。其蚀面比湖石的凹凸浅，外形比湖石浑厚。

英石是沉积岩类中一种石灰岩，蚀面细碎，凹凸多变，以形状玲珑为特点。英石中有种颜色为淡青色的，敲之有声，可叠成小景；另一种色白，石质坚而润，略透明，面上有光，小块可置于几案品玩。石英产于广东英德。

黄石是沉积岩的一种，属于砂岩。砂岩硬度高，外形浑厚方正，具纹理及多种色彩，有紫红、灰白、黑灰、灰红等色。长江下游一带出产。

青石也是沉积岩类的一种，该岩石有明显的平行节理，用作山石的青石常呈棱状，因而又名剑石，硬度中上，颜色以灰青色、灰绿色为多见。主要产于北京一带。

宣石是变质岩石中的石英岩，常由沉积岩中石英砂石变质而成，空隙少，质地坚硬，表面凹凸少，呈块状。宣石越旧越白，像"云山"一样，可作小块陈设。产地在安徽宣城。

斧劈石是变质岩的一种，属于板岩，质地均匀细密，敲之清脆有声，有明显的平行成行的板状构造。因如神斧鬼劈，造型坚峭，故称斧劈石。产地分布甚广。

第二节 居住空间环境绿化的审美特性

一、绿化造景形式分类

（一）主景

居住空间环境中的绿化主景起控制主调作用，它是核心和重点。不论居住空间环境的大小，设计时都应主次分明。例如，在室内中心的位置、室内轴线的端点、交点上或在视线的焦点上，从空间整体的装饰效果来统一考虑，确定主景的位置。而主景主要以植物、水景、石景共同构成，产生绿化质地的丰富感。

（二）配景

居住空间环境中，主景是核心，但需要不同位置的绿化分支来衬托和呼应，否则主景便显单调。

（三）对景

室内绿化置景中位于整体空间中的视线端点形成的景观为

对景。正对景具有庄重、雄伟、气势磅礴的效果；互对景是在风景线的两端同时设立两处景观，使之互成对景，具有相互传神的自然美。互对景没有严格的轴线布置，其目的在于使人们在视线范围之内能看到相互呼应的绿化置景，感受到自然的气息。

（四）分景

在居住空间环境设计中，将绿化景观用于分隔空间的作用，称之分景。它的作用是阻挡人们的视线，使人在进入空间后避免对室内空间装饰一览无余，达到欲扬先抑的目的。分景既可以实隔，也可以虚隔。实隔意在遮挡背后的景观，而虚隔则可利用花墙、花架等，营造出深远莫测、似隔非隔的效果，使室内绿化景观在整体方面具有更为强烈的艺术感染力。

（五）漏景

漏景是使景观的表现产生若隐若现、含蓄雅致的一种构景方式。采用这种形式，可使室内空间产生让人意想不到的效果。

二、绿化设计形式分类

规则式又叫整形式、对称式。其主要运用在室内绿化景观本体设计上,呈左右对称式。规则式的景观设计,常给人以庄严、整齐之感。

自然式也称不规则式。在居住空间环境中,随空间结构的变化而布置协调的花卉、植物、山石小景,浓缩大自然的美景于室内有限的空间当中。自然式的布置绿化,常给人以自然、清新的感觉,花草、假山、小桥、流水、声、色、香构成欢乐的曲调。

在居住绿化设计中,往往根据所绿化空间的大小、具体的功能作用来决定采用何种设计形式。综合式是兼有规则式、自然式两种特点的绿化设计形式。

第三节　居住空间的绿色设计表现

随着社会化大生产对自然环境的破坏，人们亲近自然的意识越来越强，阳光、植物、水体、山石等自然界的元素也逐渐被引入居住空间。在这种情况下，各个层面的"绿色"概念和要求应运而生。

一、空间的绿色设计概念

绿色设计概念起源于 20 世纪 80 年代，又称为"生态设计""绿色环境设计"。绿色设计是基于对环境与资源的占有、使用和影响，将节约资源、降低能耗、预防污染以及减少对环境的破坏等方面作为设计的出发点和目标，最终实现可持续发展的战略目标。就居住空间的绿色设计来说，指的是在室内设计中引入绿色的设计理念，充分考虑环境、空间与人的关系，将空间的使用功能、空间的资源与能源消耗、空间对人的影响等问题融入设计。

二、绿色设计的主要特征

从某种意义上讲，无论绿色设计还是可持续设计，都有着许多共同点，绿色设计是以尊重生态规律为出发点，以增强可持续发展为归宿，这是绿色设计区别于传统室内设计的最主要因素。其特征大致有以下几点：

（一）强调人与环境的共生

绿色室内设计的出发点和归宿决定了它是以符合良性生态循环为己任的设计。因此，室内设计在满足实现空间功能价值，为人提供生理与心理双重满足的前提下，要充分结合自然条件、环境条件，并通过一定的设施、设备的利用，最大限度地利用可再生自然资源，减少不可再生资源的使用，降低能量消耗和减少排放。

（二）注重系统设计与高效

对居住空间来说，空间形态设计、室内物理环境设计、装饰设计，甚至是陈设设计都是系统设计中的一个环节，它们的有效配合将加强绿色理念的实现，反之效果将受到影响，尤其是对节能减排的影响。作为一个整体，这些工作应做到协同考虑，既要相互创造条件，又要通过有效配合尽量降低对相关参数的需求，以节约能耗和减少排放。

从工程的角度来说，施工组织设计同样是绿色生态设计的保障。科学的施工组织设计可以将室内装修工程、安装工程等各个分部工程科学结合，以在一定程度上降低施工难度和避免重复施工，继而可以节约人工成本和材料浪费。

（三）推崇创新

创新是文明进步的标志，是生产力进步的标志，更是设计的生命之源。设计者应该从实际需要出发，不断调整思维模式，在现有技术条件的保障下进行创造性开发，提高实现"绿色环境设计"的广度和深度。

就绿化来说，传统的思维模式是在建筑室外地面、楼顶进行平面种植，室内大多采用各种盆栽增加空间中的绿化面积。这对于建筑内部空间来说，并没有最大限度地利用好植物对空间物理环境的调节功能。为此，从建筑的垂直立面考虑增加植物的种植便成为一个全新的创新性行为。这种全新的种植模式被称为垂直绿化，这种绿化方式可以在建筑外部形成保护层，吸收热量，降低室内温度，节约能耗。同时也可以起到降噪、滞尘、造氧等作用，全方位对人呵护。

（四）提倡生态审美性

可持续居住空间环境设计的生态设计观要求设计应突破传统设计方法，提倡"生态美"高于"形式美"。设计中要时刻以生态意识指导行为，从生态角度完成作品、评价作品。任何背离生态观的设计作品，无论从传统审美标准看多么完美，从生态设计观角度来讲都是失败的方案。

这便要求设计者应摒弃过去追求奢华、高端的价值观，不再着眼于烦琐的形式、高档的材料，而是以"适度美"去构筑空间，以可持续发展的意识去诠释生态内涵。

（五）力求环保

生态设计理念中最核心的要求是人的健康。对于居住空间环境来说，人的健康首先受到建筑材料和建筑装饰材料的影响。在大部分的传统建材中，醛、苯、酚、氡等有害成分是不可避免的，所谓环保只是量的差别，在这种情况下，除了尽可能选择环保级别高的材料，就是尽可能减少对含有此类成分的材料的用量。

三、影响绿色室内设计的因素

设计总是会受到各种主客观条件的影响，对绿色室内设计来说同样如此。一般情况下，绿色室内设计受到人文、自然、经济、科技、社会等因素的影响。

（一）人文因素

人文因素是影响绿色室内设计的最重要因素之一。

就设计者来说，价值观决定了其是否具有绿色设计意识，是否具有向使用者推介生态设计的愿望。而职业素养决定了其是否能够完成优秀的设计方案，这既是对其创造能力的考验，也是生态观念是否能够成功推广的保障。设计者应具有对空间使用者、社会、环境的责任感，将对文化的继承和发展作为自己的使命，将生态建筑的内涵和价值真正贯穿在作品设计的始终。

（二）自然因素

任何建筑都处于特定的自然环境中，自然环境的光、温、气、湿度等因素在一定程度上决定了建筑空间的物理环境的适宜性和生态性。这些来自自然环境的资源是"无价"的，它既是我们可以无偿获取的，同时也是最洁净、最宝贵的。因此，当我们进行建筑和居住空间环境装饰的时候，无论从材料使用的角度，还是从进一步调整居住空间物理环境角度，我们都不可以破坏我们所依赖的自然环境，不能以破坏环境平衡为代价，也不能对其进行过多的污染物排放。同时必须通过科学分析光照、通风、温湿度等客观条件，从建筑空间设计角度尽可能把自然因素引入室内，以减少人工资源的利用，从而降低排放量。

（三）经济因素

绿色室内设计作品相对于传统设计作品的一次性投入要多，这容易造成方案搁浅，因为使用者或者投资者往往会为更高的投入而纠结。事实上，从建筑的整个生命周期来说，绿色室内设计对建筑运行的整体投入远低于传统建筑，所以，这是一个当前利益和长远利益的问题。另外，绿色室内设计可以有效地减少排放，这对整个环境来说是一个持续的利益，而这种利益是无法量化的，也不是一般的经济利益能比拟的。

（四）科技因素

室内设计方案的实施脱离不了对特定的科学条件和技术条件的依赖。首先，从建筑设计到居住空间环境设计中所涉及的任何环节的装配都需要进行科学的测算，例如，建筑构件的力学数据、空调系统的功率测算、电气照明的功率测算、窗户面积比的测算、隔音降噪的材料要求等。绿色室内设计需要科技的保障，而先进理念的诞生同时也可以推动科技的进步。

（五）社会因素

绿色室内设计是为人服务的，人是社会动物，受到社会的影响，这就决定了绿色室内设计不能离开社会而独立存在。对于使用者来说，其价值观和审美观的形成首先受到其长期生活的特定社会环境的影响，这包含着地域的、民族的特征，另外还有一定的受教育背景、兴趣爱好等个体因素。设计者应该以此为切入点进行设计定位，同时继续履行作为一名设计者继承和发展地域文化的社会责任。

四、绿色居住空间环境的艺术性

室内设计的任务是从使用功能和心理层面满足人们的需求，因此，对美学的要求是室内设计不可或缺的，在绿色室内设计中同样如此。

绿色室内设计的艺术性，主要通过两方面来表达：一是为实现可持续发展的目标，采取的相应的可持续设计措施与手法产生的新的艺术美感，表现出艺术性与绿色设计的内在关联；二是在绿色室内设计中，在遵循生态原则的前提下，用美学法则体现出的建筑与居住空间环境的高度艺术性。

（一）绿色设计与艺术性的关联性

满足人们的生理与心理需求是绿色室内设计的最基本要求，绿色室内设计的更高使命是尊重环境、爱护环境，减少对环境的掠夺，减少对环境造成的压力，以求人与环境的和谐可持续发展。为了实现自然资源的合理利用和各种可持续发展的手段，可能会在居住空间中出现一些"新鲜"元素，这些元素会让空间在视觉方面产生新的美感体验，增强了空间的艺术性。绿色室内设计中，可以将绿色设计和艺术性协同考虑，在以可持续发展为出发点和归宿基础上追求美学价值。

（二）绿色设计与艺术性的分离

绿色设计与艺术性的分离不是在绿色设计中抛开艺术性，而是指绿色室内设计不具有固定的风格，更不拘泥于特定的艺术形式，但其特有的内涵往往会表现出不同的艺术气息，尤其是生态主题更具有艺术感染力。

五、绿色设计在居住空间中的应用

（一）空间的可持续性设计方法

绿色设计在空间设计层面运用的意义重大，其具有纲领性作用，是整个居住空间可持续发展理念实现的首要环节。

1. 选择合理的空间分离手法，灵活适应空间需求

从绿色室内设计的可持续要求来说，应该更加重视对这些动态需求的适应，设计中尽可能地多考虑这些可能存在的需求。这就需要设计师具有"动态"的宏观意识，在设计初始便将可能实现的空间弹性组织和陈设按需调整纳入设计统筹范围内，从可持续角度进行科学设计。现代建筑多采用框架结构，凭借柱子和占墙体较小比重的剪力墙，结合梁和楼板，共同构筑成建筑主体。这种结构方式让墙体从传统的承重作用中脱离出来，而主要起到分隔空间的作用。因此，对于分隔空间的墙体材质的选择可以主要从便利、安全、隔音、环保、能源消耗等角度考虑，这便扩大了分隔空间的墙体材料范围。相邻空间功能跨度较小时可以采用限定性较低的材质或手段进行空间分隔，或者采用便于拆装的轻质隔墙进行分隔。而在有些只为起到观念上的空间分隔的情况下可以借助家具、绿化等手段进行空间分隔。

这些分隔方式有利于适应空间功能转化提出的新的需求，有利于减少变换空间造成的材料浪费、资金浪费和环境污染，是绿色居住空间环境设计的有效手段之一。

2. 科学组织空间，提高室内物理环境质量

合理的空间组织可以提高自然采光率、控制室温、导入新鲜空气、增强空气循环。不同地区具有各自不同的自然地理条件和气候条件，特定区域的气候条件包括温度、湿度、风向、风速，甚至是阳光照射角度，这些因素对室内物理环境有直接的影响。空间设计中，设计师要把这些因素作为重点考虑内容，借助空间组织加强利用或有效规避。

例如，我国大部分地区风向为南北向，根据这个特点，进行空间组织时便要尽量考虑建筑南北方向的连通性，避免阻隔空气对流，同时尽可能加大空间南北进深，以避免因过多划分空间造成的空气循环阻隔，降低空气的流通性。而加大空间南北进深也有利于阳光的导入。同时可以利用空气动力学原理，采取窗户南低北高的做法，促进空气的自然循环。这种做法会降低人们对空调和新风的依赖，一方面节约了电能，另一方面也可以减少因空调系统依赖而造成的上呼吸道感染和空调系统中各种细菌的侵入。

对阳光的利用也应该采取科学手段。例如，在屋顶安装遮阳格片，根据所掌握的阳光照射角数据调节格片角度，以起到根据需求控制阳光射入量的作用，既可以解决自然采光问题，又可以维持室内温度的平衡。

3. 合理实现居住空间与室外空间的联络

墙体的保温性能是建筑节能的首要环节，冬季可以阻隔寒气，夏季可以阻挡热气，但对墙体保温的要求应根据各地的自然条件因地制宜地确定。例如，我国北方冬季室内外温差较大，尤其是东北地区，冬季室内外温差可达到45℃。在这种情况下，建筑外墙需要很好的保温性能，甚至要根据风向着重对迎风部位进行保温的加强。而对于南方地区，其冬季室外气温不是很低，所以，不必过多强调墙体的保温性能。窗户对于建筑的采光、通风作用，应该合理利用。从采光角度讲，窗户面积越大采光效果越好，但窗户的保温性能远不及墙体，因此，如果窗户过大，则不利于冬季御寒，同样夏天也不利于隔热，尤其是对南方地区来说，夏季高温、湿热，阳光通过窗户照射进室内，使室内温度快速升高，及时通风会有效降低气温。

就建筑节能来说，墙体的技术指标、门窗的技术指标等非常重要，而且应根据特定区域的温湿度、风力、风向、光照等因素进行综合分析论证，以制订科学的节能方案。

4. 室内家具的适应性

家具是居住空间环境中的主要用具，承载着重要的使用功能。对于小户型来说，由于空间紧凑，当功能需求多样的情况下，往往无法满足多种家具并存的情况。因此，家具功能的多变、兼容是对家具提出的新要求。多功能家具不仅可以满足不同的功能需求，同时也可以节约空间占有量，更重要的是可以节约资源。

（二）绿色居住空间环境的无障碍设计

绿色居住空间环境设计的宗旨是"以人为本"，尤其是对身体条件存在各种差异的个别群体来说，更需要个别地设计考虑，因此，提出了"无障碍设计"思想。无障碍设计的目的是改善环境中不利于人们行动的因素，充分地考虑包括不同程度、不同类型的残障人士和基本行为能力衰减或丧失的弱势群体在内的所有人的使用需求，切实做到从生理与心理两方面实现对人的呵护。这既是社会文明的体现，又是对人权的基本保障。

关于无障碍设计的具体内容和要求，2012年3月住房和城乡建设部已经批准发布了《无障碍设计规范（GB 50763-2012）》，这是现行版本的规范。

1. 无障碍设计中的安全因素

在建筑居住空间环境设计中，设计行为所涉及安全性问题主要是尺度问题。绝大多数居住空间环境设计的尺寸是基于普通人群人体工程学的，对特殊人群来说，难免造成或多或少的隐患。例如，常规踏步高度为 0.15 米，这个高度对一般成年人来说是非常适宜的，而对部分行动不便的老年人来说则可能会产生"一脚深一脚浅"的感觉，这样不仅会损伤关节，还有可能因承力腿难以负重而跌倒。因此，有必要针对行动不便的老年人和残疾人员设置坡道。而坡道的设计也需要考虑适宜的宽度和坡度，如果坡度过陡，行走中容易产生惯性，加之移步较慢，同样会造成身体跌倒的情况。再如扶手和栏杆，扶手和栏杆通常设置在楼梯、平台、走廊、回廊、内天井等区域高差较大位置，其作用是抓扶和安全防护。从抓扶需要讲，其高度应在 0.7~0.8 米较为适中，但这个高度低于普通人的身体重心，容易造成依靠倾覆隐患，所以，其高度一般定在 1.05~1.1 米。而其垂直栏杆之间的距离也应考虑到避免儿童穿过。

除此之外，地面的光滑程度、长坡缓冲等问题同样是无障碍设计应考虑的安全问题，需要设计师系统考虑。

2. 无障碍设计的便利性

便利性是"使居住空间更好地为人所用"的基本目的的体现，居住空间及空间设施使用的便利性的要求对包括身体障碍人士在内的所有人同时受用。

设施数量、位置要满足需求，体现便利。在建筑设计中，设计师更多的是从满足规范要求的角度，例如，楼梯和电梯。楼梯和电梯是居住空间的垂直运输设施，其数量的选择应考虑建筑的人员容纳量，根据人数预测确定楼梯和电梯数量，同时应该充分考虑人员高峰期的运载量。其位置的选择应根据建筑的平面布局形式确定，一方面要根据人员分布密度设置垂直运输的分布，另一方面也要兼顾相对距离。

对于大跨度空间来说，垂直运输工具应适当分散，避免造成局部区域远离垂直运输设施的现象。这不仅是从日常使用角度来讲，也是消防疏散的基本要求。

细节设置充分考虑各种所需。细节决定品质，决定空间能提供的服务品质，尤其是对身体残障人员来说，人性化的关爱更为重要。

对老年人和肢体残障人员来说，尤其是对使用轮椅的下肢残障人员来说，他们有的需要借助额外的抓扶点。例如卫生间，根据国家对无障碍设计的相关规定，在飞机场、火车站、地铁站、学校、公园等公共空间中，需要设立专门的无障碍化卫生间。其设施应考虑肢体残障、视觉残障等各类残障人员的使用。其中对门、洁具、抓扶点、防碰撞处理等细节做了相关规定。

卫生间门要可以双向开启，具备多个门把手，便于不同高度需要的人使用；门宽应可以顺利通过轮椅和双拐使用者通过；洁具的形状、高度应便于老年人和残障人使用；洁具四周应设置稳固的安全扶手和支撑杆；地面要具有良好的防滑性能；应具备良好的应急呼叫系统等。此外应考虑对易接触棱角部位采取钝化或软化处理，以防止视觉残障者碰撞造成伤害。

由于其肢体尺度和行为的非常规性导致他们对其他设施尺度也有特殊要求。例如，电梯门的宽度应保障轮椅能够顺利通过，电梯轿厢宽度要能容纳一辆轮椅及至少一个随行人员的站位。因坐轮椅者处于坐位操作状态，所以，电梯按键高度应在约 0.8 米，以便于下肢残障者操作。对于走廊等通过区域及转角位置的宽度也应考虑方便轮椅调转方向，并适当考虑地面防滑。此外，公共场所的吧台、服务台等设施的高度也应考虑对下肢残障人员需求的满足。

（三）根据"绿色"要求选择和使用材料

材料的"绿色"要求是综合因素，需要设计师和设计实施者共同综合考虑，以从各个层面同步实现。主要可从以下几个方面考虑：

根据功能科学把握环境需求。材料的选用需要设计者根据空间的功能性质综合考虑其化学、物理特性和社会经济效益等。不同的建筑类型有不同的设计标准，不可一概而论。对于重点功能空间，尤其是人流大、人员密集，或者受用群体具有特殊性的空间，要加强对材料环保标准的把控，反之则可适当降低环保标准。

尽可能使用"绿色装饰材料"。"绿色装饰材料"又称生态材料、健康材料等，其特点是原材料主要是工业和城市固态废弃物，使用少量的天然资源和能源，生产采用清洁技术，产品具有无毒害、无污染、无放射性特点。它与传统的建材相比，具有"无污染性、可再生性和节能性"三大优点。

（四）绿色居住空间环境的科技化、智能化

绿色居住空间环境质量的提高，是各学科综合运用、相互配合的结果，比如说人类工效学、视觉照明学、环境心理学、物理学、力学等相关学科，以及需要新材料、新工艺的大胆开拓与应用。通过各方面的共同努力提高居住空间的声、光、温、气等物理环境质量，提高居住空间微环境自我平衡能力。

设计师需要具备对新事物敏锐地发现和接受的能力，大胆应用新科技技术，例如，在建筑设计中将南向窗户做低，北向窗户做高，同时借助室内层高的科学设置运用空气动力学原理促进居住空间的空气循环，既可以利用自然能源保持室内空气质量，又可以自然调节室内温湿度的平衡。再如通过声、光、温、湿传感器的探测能力设置智能控制系统，让室内照明系统、空调系统、保湿系统根据预先设置参数，在室内光、温条件变换情况下自动进行工作，让环境始终处于宜人的状态，同时可以有效节约能源。

（五）居住空间的绿化设计

绿化对人的身体健康、心理健康都具有重大意义。室内绿化造氧、滞尘、保湿、降噪声的基本功能可以为人们提供纯净的环境，呵护人的健康。在空间中，可以根据植物的生物学特性选择适宜的植物，消除空气中的不利因素，例如，利用玫瑰、桂花、紫罗兰等芳香花卉产生的挥发性油类进行杀菌，利用虎尾兰、吊兰、芦荟吸收空气中的甲醛，利用常青藤、铁树、菊花、金橘、石榴、月季花等清除空气中的二氧化硫、氯、乙醚、乙烯、一氧化碳、过氧化氮等有害物。

（六）室内光环境中的绿色设计

光是人类得以生存的基本条件之一，同时也是我们从事一切活动的保障。不仅如此，合理的光环境对人的身体健康、精神状态都具有积极的意义。对于室内环境的采光来说，分为自然采光和人工照明两部分。

1. 自然采光

自然采光即对太阳光的利用。从使用的角度来说，自然采光在白天可以给房屋提供照明，使得房屋明亮，满足生活和工作需求。同时，太阳光线可以带来温暖，大大降低人们的取暖消耗。因此，在建筑空间中尽可能多地使用自然光是采光设计的基本原则。从居住空间环境设计的角度来看，应充分利用建筑设计手段引入自然光，例如，通过窗户的位置、尺度、数量，通过空间跨度的控制，通过内庭、内廊等手法引进自然光。

2. 人工照明

人工照明是室内采光的重要组成部分，是自然采光的必要补充。人工照明对于居住空间的意义具有使用功能和审美效果双重意义。绿色室内照明设计应从以下几个方面入手：

照度设置。对于居住空间来说，空间功能的差别对照明有不同的要求，这取决于空间功能的性质。例如，人在工作的时候往往需要长时间关注度很高地看着目标物，这种行为方式很容易造成视觉疲劳，尤其是照度不适宜的时候，无论是照度过低，还是照度过高，都容易造成视觉疲劳，甚至损坏人的视力，所以，像这种明视照明功能的照度设置必须严格遵照科学数据。其他环境照明、装饰照明尽管也要求根据区域的功能设置相应的参数，但相对来讲弹性要大一些，尤其是对装饰照明来说。例如，对装饰画或者摆件的照明，若照度偏低，会表现为被照物暗淡，装饰效果不强，照度过高的话，则也容易给人造成视觉上的不舒适感。

光源选择。目前普通空间室内照明中 LED 光源用量最大，其最大优势是发光效率高，节约能源，使用寿命长。光源的色温对被照物真实颜色的显现有很大影响，同时也可以影响环境氛围和人的情绪。例如，低色温容易让人郁闷、烦躁或暴躁，高色温容易让人安静、沉稳，甚至是消极，只有最接近太阳色温的中性光最适合大面积使用。

照明方式选择。照明方式影响着居住空间中的灯光效果和能源消耗，照明方式的选择应在满足使用功能和一定的环境氛围营造的基础上，考虑降低能耗。例如，对于复合功能空间来说，应该根据各个区域的功能差异采取分区一般照明方式，既可以确保各个区域照度要求的满足，又可以形成空间光分布的节奏感,同时可以通过个别区域照度标准的降低减少电能消耗。再如，从光的分布角度讲，直接照明方式能将更多的光照射到目标被照物上，而间接照明相对来讲光散失率高。因此，当所需空间照度确定的情况下，相比之下直接照明方式消耗更少的电能便可以达到要求。

设置智能照明控制系统。能源节约意识不是每个人都具备的，不经意间的生活习惯会造成很大的能源浪费。因此，设置合理的自动控制系统，是行之有效的能源节约方式。

第四节　现代建筑生态设计的原则

一、高标准、高效率原则

（一）高标准原则

为了充分利用好室内的空间并且有效降低装修成本，对室内声环境、光环境、热环境、材料使用、绿植选用等方面提出较高的标准，才能保证居住空间环境装饰达到预期甚至是更好的设计效果。

由于室内生态环境设计是现代居住空间环境设计发展的新趋势，依据生态学的概念和原则对其制定原则：首先，要对内部功能环境的实际需求进行合理分析。其次，设计师必须要有环境保护意识，尽可能多地节约资源，少制造装饰垃圾，让人们最大限度地接近更为环保的居住空间环境，以满足人们对生态装饰环境的要求。所以，走生态的道路必须要有高标准的要求才能提高居住空间环境生态设计的方法，为今后的设计实践提供有意义的思路，推动现代室内设计向更高层次发展。

（二）高效率原则

随着居住空间环境设计进程的加快，设计更为准确有效的方案对于室内设计师而言尤为重要。高效率是指对高效空间的追求、贯彻和提高，根据理念和特征意识进行合理的分析，不断完善设计内容，与设计环境建立更为有效的联系，并对设计过程中产生的问题进行高效的分析和探讨，这对方案的调整和最终设计效果的呈现有着至关重要的作用。

另外，通过高质量的设计、材料、构造和构件之间的全面协调，装修形式与新技术、新材料之间的平衡，倡导的是环境保护、资源与能源的高效利用，在设计上尽可能多地利用环保高效的装饰材料和可再生资源，本着高效节能的原则，尽可能地让人们接近生态环境。

（三）居住空间生态环境设计原则

室内生态环境设计本着人与自然协调发展的原则，体现人、室内环境与自然生态在功能设计方面的价值。一般来讲，生态是指人与自然的关系，生态环境设计就是提供人们生活和工作在其中具有生态化的空间环境。就室内生态环境设计的特点而言，则包含了以下几种原则：

1. 注重自然原则

尊重自然是生态设计的根本，是一种环境共生共识的体现。要求设计师正确处理与环境的关系，正确认识设计师自己也是环境中的一部分，给予生态环境更多的关心和尊重。

2. 生态环境与使用者沟通原则

室内空间作为联系使用者与生态环境的桥梁，应尽可能地将生态元素引用到使用者身边，它也是生态设计的一个重要体现。例如，生态理念引入室内空间环境将不再是冷漠的，将给人们生活带来崭新的内容，包括来自室外花园的新鲜空气、充满生机的绿植及太阳光线的射入。在这样的自然生态环境中生活与工作，会使人们更加身心愉快、精力充沛，更加充满活力。

因此，对于生态元素的引入，增强使用者与生态环境的沟通，是室内生态设计的目标。

3. 集约化原则

在集约化整合过程中，对于空间节能和生态平衡来说，应减少各种资源和材料的消耗，提倡"3RE"原则，即减少使用（Reduce）、重复使用（Reuse）和循环再生使用（Regain）。

4. 注重本土化原则

注重本土化原则首先应考虑当地人或是传统文化给予设

计的启示，都必须建立在特定的地方条件的分析和评价基础之上。

其次应对地域气候特征、地理因素、延续地方文化和地方风俗等进行深化剖析，并充分利用地方材料，从中探索利用现代设计理念和方法，通过现代装饰技术与地方适用技术相结合的方法进行空间环境设计。

5. 注重生态美学的原则

生态美学是当代美学的一个新发展，按照美的规律，为人类营造和谐、平衡和诗意的生活环境，这包括对自然、社会、文化环境的审美观照。而在传统审美内容中增加了生态标准因素，它提倡追求一种和谐有机的美。在居住空间环境设计中，则强调自然生态之美，简洁而不刻意雕琢的质朴之美。同时还注重人类在遵循生态规律和美的法则前提下，运用科技手段加工室内环境空间，创造人工生态之美，这种原则带给人们的不是一时的视觉震惊，而是持久的精神愉悦。

6. 倡导资源的节约和循环利用

当下室内生态设计在使用和更新过程中，注重对常规能源与不可再生资源的节约和回收利用，对可再生资源也要尽量低消耗使用。

设计中一般考虑实行资源的循环利用，这是现代室内生态装饰设计得以持续发展的基本手段，也是室内生态设计的基本特征。

二、健康环保原则

（一）健康环保含义

就健康环保的定义来讲，健康即指人的健康，包括生理健康和心理健康两个方面。而环保则指的是对生态环境的保护，其中可分为两个步骤，首先减少对环境的破坏，然后才能谈得上对环境加以保护。环保的作用自然不用多说，作为室内设计师应顺应这一趋势，在设计中充分体现健康环保的理念，也是遵循科学可持续发展的原则。

对于人们所生存的空间环境进行艺术性的再造设计，达到优化环境使其更适宜人类生存的目的，还需要根据使用环境和条件进行合理地选材，发挥每一种材料的长处，并材尽其能、物尽其用，这样才能达到现代室内设计的各项要求。

所以，健康环保作为现代人倡导的重要生存原则，无疑成为室内生态环境设计的必要前提。只有真正符合健康环保、健康舒适要求的设计才可称之为真正意义上的现代居住空间环境设计。

（二）健康环保的设计原则

在设计领域对于空间的合理使用、环保材料的运用及装饰过程中如何少产生废弃物，具体说还包括以下五个原则：

1. 健康原则

环保设计的健康原则即指室内装饰装修用材需符合人体健康指数。在设计中应优先选用"绿色十环"标志材料。

2. 生态原则

生态原则是指在设计中需充分考虑室内环保设计与外部生态环境的一致性，并确保室内环保效应的可持续性。

3. 节能降耗原则

针对目前我国室内装饰业能源消耗过大问题，在居住空间环境设计中必须充分考虑节能降耗措施的利用，以确保在降低能源消耗的同时，节省成本投入。

4. 美化原则

居住空间环境设计的美观度直接影响居住者的居住体验，在居住空间环境环保设计中应充分运用色彩、空间、采光、布局等方式，使居住空间环境装饰装修得到美化。

5. 经济原则

在最大限度确保居住空间环境设计符合环保理念的基础上遵循经济原则，降低成本，提高经济效益。

（三）健康环保与材料的选择

装饰材料的选择是居住空间环境装饰设计的重要环节，一些危害人健康的装饰材料会像隐形杀手一样进入室内生存空间，直接影响设计空间的健康环保与安全性。"非典疫情""雾霾天气""甲醛超标""材质辐射"等现象的出现使人们健康环保的意识大大增强，也更加重视室内装饰带来的健康影响。一些影响环境质量的装修材料应逐渐被淘汰，逐渐为环保型材料所取代。例如，环保硅藻泥装饰墙面，不但无害而且还具有杀菌、稀释甲醛等功能，对于改善室内空气质量和生存环境具有重要意义。这说明装修材料在满足人们对装饰质量和美观基本要求的同时，还能通过自身特性功能的实现来满足人们对舒适度的要求。再如天然的大理石具有很强的放射性，运用在居住空间环境的设计中会对人的健康有潜在的威胁。也包括装修中常常被用到的多层夹板、细木工板、奥松板等板材，甲醛是作为黏合剂的重要成分隐藏在板材的夹层中，随着室温的上升，甲醛释放到空气中的浓度就会增加，长期处于这样的环境对身体的损害都是致命的。

当然，影响健康环保的因素有许多，如设计选料、材料等级、材料采购、造价成本等。

针对此问题，2020年1月，住房和城乡建设部发布了《民用建筑工程室内环境污染控制规范》（以下简称《控制规范》），2018年12月，中国国家标准化管理委员会发布《室内装饰装修材料有害物质限量》。自规范出台以后，建材企业调整生产工艺和设备，开始按国家规定生产符合标准的材料产品，建设单位也积极选用符合标准的材料产品，施工单位按照标准采购合格环保的装饰材料，质量监督部门也按规范验收工程，这些情况使得建筑装饰工程造成空气污染的程度大大降低了。但在某些工程中，虽然采用了符合标准的装饰材料，但空气质量却超过了《控制规范》的限量，原因有以下三种情况：能释放有害物质的装修材料用量较多；空气换气量不足；施工时未对有害材料进行密封处置，特别是油漆类材料。

总之，装饰材料在室内设计中具有非常重要的作用，加强对其研究是非常有必要的。特别是在室内设计中的生态环保策略上，要根据不同的材料进行不同净化处理，其净化方法和手段也同样有所区别。因此，要加强装饰材料的生态环保必须要求有关人员有针对性地进行处理，如对天然石材的使用需要检测其中的放射性情况，禁止使用放射性较强的物质。装饰材料的污染控制必须要求对有害物质进行严格检测，要做好室内通风、空气净化等工作，及时将有害物质排出室内，减少对人体的伤害。

三、木桶效应原则

（一）木桶效应原则概念

"木桶效应"（Cask Effect）原是经济学术语，又称水桶效应、木桶原理、木桶定律、短板效应、木桶短板理论。在居住空间环境设计系统中，系统功能的理想设计不取决于系统中最强最优的环节，而是取决于最薄弱的环节，就像一个由许多块木板箍成的木桶，当木板长短不齐，那么木桶的盛水量不是取决于最长的木板，而是取决于最短的那一块木板。也就是说，要想多盛水，提高木桶的整体效应，不是增加最长木板的长度，而是要下功夫修补那块最短的。这就是木桶理论，又称木桶效应。

系统整体的结构机制决定了功能环境设计，室内生态化设计的优势就在于其优良的性能和效益，因此，在设计中设计师应放眼全局，统筹兼顾，多元并举，扬长避短，以完善优化系统设计，寻求整体上的突破。

（二）木桶效应与室内生态环境

从居住空间环境生态来讲，环境状态是影响人们健康的一大因素，包括自然环境和社会环境。

所谓自然环境是一种生态系统，是人类赖以生存的物质基础。生态破坏与环境污染必然对人体健康造成危害。这种危害与其他因素相比，具有效应慢、周期长、范围大、人数多、后果重的特点。而社会环境是一种复杂的因素，包括政治、经济、科学、文化等因素。如上述因素呈现出良好的适宜和稳定状态，那么就会起到促进、推动作用；相反，就会产生消极作用。

四、时效、实效原则

（一）时效原则

时效原则是指在一定时间段内能够准确发生或把握住价值属性的效用，同一件事物在不同的时间里会有性质上的巨大差异，而这个时间差异性称为时效原则，它本身也包含着对效果的把握。时效性原则其实还包含了两个层面的含义：一是时间性，或者叫时新性。二是指时宜性，最佳时机。所以，时效原则既影响着决策的生效时间，在很大程度上也制约着决策的客观效果。可以说是时效决定了决策实施在哪些时间内有效，是否符合当代的趋势需求。

（二）实效原则

实效原则指的是设计实际实施的可行性和实施效果的目的性。实施的可行性是方案在创意、设计、理念以及操作上的可行性，而实施效果则是实质设计目的的达到程度或结果。设计中的实效原则讲求以下两点：实事求是，量力而行，所做的设计具有可行性和可操作性；实施的方法必须具有显著的效果，不能纸上谈兵，不能最终一个结果都没有，浪费人力物力的同时也浪费了时间。

总而言之，该原则在宏观上不但切合实际，而且具有不错的效果，试图要表现的事物实际上是真正要设计的内容。其中，验证的有效性指实际的设计正是我们试图要表现的内容，也是增强时效性的根本目的，是检验时效性的重要标志。讲求"实效性"，本身就包含着对"时间"的追求。

第六章　建筑设计与工程应用的融合发展

第一节　设计与工程融合的理念与趋势

一、设计与工程融合的重要性

（一）提升建筑品质与性能

设计与工程的融合，使得建筑师在设计阶段就能充分考虑工程实现的可行性和效率。工程师的参与可以确保设计方案的技术性和经济性的平衡，从而避免后期施工中出现的技术难题和成本超支。这种融合使得建筑在品质与性能上得到显著提升，无论是结构安全、使用功能还是舒适度等方面都能达到更高标准。

（二）优化资源配置与成本控制

在设计与工程融合的过程中，通过综合考虑材料、设备、施工等因素，可以更加精准地确定建筑项目的资源需求。这有助于实现资源的优化配置，避免浪费和重复投资。同时，工程师在设计阶段就能对成本进行初步估算和控制，为项目后续实施阶段的成本控制提供有力支持。

（三）推动技术创新与发展

设计与工程的融合为技术创新提供了广阔的空间。在融合过程中，建筑师和工程师需要不断探索新的设计理念、技术手段和施工工艺，以满足日益复杂的建筑需求。这种创新不仅推动了建筑技术的进步，也为行业发展注入了新的活力。

（四）增强项目实施的协同性

设计与工程的融合使得建筑师和工程师在项目实施过程中能够形成更加紧密的协作关系。双方可以在设计阶段充分沟通，明确各自的责任和分工，确保设计方案与施工方案的衔接与顺畅。这种协同性有助于减少项目实施过程中的摩擦和冲突，提高项目的整体效率和质量。

（五）提升用户体验与满意度

设计与工程的融合有助于提升建筑项目的用户体验和满意度。建筑师在设计过程中会更加注重用户的需求和感受，通过优化空间布局、提升环境质量等方式提升建筑的舒适度和实用性。工程师则会在确保结构安全的基础上，通过精细化施工和质量控制，为用户提供更加优质的建筑产品。

二、可持续发展的理念

（一）资源节约与高效利用

可持续发展理念强调资源的节约与高效利用。在建筑设计与工程应用中，这意味着我们需要选择可再生、可循环使用的建筑材料，减少非可再生资源的消耗。同时，通过优化设计方案和施工工艺，提高建筑材料的利用率，减少浪费。例如，采用预制装配式建筑技术，可以减少现场湿作业，降低材料损耗；利用太阳能、风能等可再生能源，可以减少对传统能源的依赖。

（二）节能减排与环境保护

可持续发展理念注重节能减排与环境保护。在建筑设计与工程应用中，我们需要关注建筑的能耗和排放问题，通过采用节能设计、绿色建材和高效节能设备等措施，降低建筑的能耗和排放水平。同时，通过合理的景观设计、植被覆盖和雨水收集等方式，提高建筑的生态性能，保护生态环境。

（三）人文关怀与社会责任

可持续发展理念还强调人文关怀与社会责任。在建筑设计与工程应用中，我们需要关注建筑与人的关系，注重人的需求和感受，创造舒适、安全、健康的建筑环境。同时，我们还需承担起社会责任，关注弱势群体和特殊人群的需求，为他们提供适宜的居住和工作环境。例如，在公共建筑设计中，要充分考虑无障碍设施的设置，方便残障人士的出行；在住宅设计中，注重室内环境的舒适性和健康性，提高居民的生活质量。

（四）文化传承与地域特色

可持续发展理念还涉及文化传承与地域特色。在建筑设计与工程应用中，我们需要尊重当地的文化传统和地域特色，将其融入建筑设计中，使建筑成为文化传承的载体。同时，通过挖掘地域特色和资源，打造具有地方特色的建筑风貌，提升城市的整体形象和文化内涵。

（五）长期效益与综合评估

可持续发展理念要求我们在建筑设计与工程应用中注重长期效益与综合评估。这意味着我们需要从全寿命周期的角度考虑建筑的经济、社会和环境效益，通过综合评估各项指标，确保建筑在长期使用过程中的可持续性。例如，在设计阶段就充分考虑建筑的维护和管理成本，选择易于维护和管理的材料和系统；在施工阶段注重质量控制和安全管理，确保建筑的安全性和耐久性。

可持续发展的理念在建筑设计与工程应用的融合发展中具有重要意义。通过资源节约与高效利用、节能减排与环境保护、人文关怀与社会责任、文化传承与地域特色以及长期效益与综合评估等方面的努力，我们可以推动建筑行业向着更加绿色、环保、可持续的方向发展，为人类创造更加美好的未来。

三、工程融合的趋势

（一）新材料与技术的研发应用

新材料与技术的研发应用是建筑设计与工程应用融合发展的重要体现。随着材料科学的不断进步，新型建筑材料如高性能混凝土、轻质复合材料、智能材料等不断涌现，为建筑设计提供了更多的选择。同时，新型技术的研发，如3D打印技术、预制装配式建筑技术等，也为工程应用带来了革命性的变革。

这些新材料与技术的应用，不仅提高了建筑的性能和品质，还降低了能耗和环境污染，推动了建筑行业的绿色可持续发展。

（二）智能化与自动化技术的应用

智能化与自动化技术的应用是建筑设计与工程应用融合发展的又一重要趋势。随着信息技术的飞速发展，智能化系统如楼宇自控系统、智能家居系统等已广泛应用于建筑中。这些系统通过集成传感器、控制器和执行器等设备，实现了对建筑环境的智能监测和调控，提高了建筑的舒适度和节能性。同时，自动化技术也在工程应用中发挥着越来越重要的作用，如自动化施工设备、机器人辅助施工等，提高了施工效率和质量，降低了人工成本和安全风险。

（三）设计理念的创新与发展

设计理念的创新与发展是技术与创新推动建筑设计与工程应用融合发展的关键。在新的时代背景下，人们对建筑的需求和审美也在不断变化。建筑师需要不断更新设计理念，探索新的设计方法和表达形式，以满足人们日益增长的物质文化需求。同时，工程师也需要从设计的角度出发，思考如何在保证结构安全和经济性的前提下实现设计的创新。这种设计理念的创新与发展，不仅推动了建筑设计的进步，也为工程应用提供了新的思路和方向。

（四）跨行业技术交流与合作的加强

跨行业技术交流与合作的加强是技术与创新推动建筑设计与工程应用融合发展的重要途径。建筑行业是一个涉及多领域的综合性行业，需要不同行业的专家共同协作才能完成高质量的建筑项目。通过加强跨行业的技术交流与合作，不同领域的专家可以共同分享经验、探讨问题、寻找解决方案，从而推动建筑设计与工程应用的融合发展。这种跨行业的合作不仅可以促进技术创新和进步，还可以提高项目的整体效率和质量，实现资源共享和优势互补。

第二节 设计驱动下的工程技术创新

一、设计创新对工程的引导

（一）引领工程技术的革新

设计创新是工程技术革新的重要驱动力。随着设计理念的不断更新和进步，传统的工程技术已经难以满足现代建筑的需求。设计师通过引入新的设计理念和方法，不断挑战和突破工程技术的极限，推动工程技术的创新和发展。例如，在绿色建筑设计中，设计师注重环保和节能，通过采用可再生能源、节能材料和智能控制技术等手段，引导工程技术向更加环保、高效的方向发展。

（二）优化工程实施流程

设计创新能够优化工程实施流程，提高施工效率和质量。设计师在设计过程中充分考虑施工因素，通过合理的结构布局、材料选择和施工工艺安排，减少施工难度和成本，缩短工期。

同时，设计师还可以借助先进的计算机技术和仿真模拟软件，对设计方案进行虚拟施工和测试，提前发现并解决潜在的问题，确保工程的顺利实施。

（三）提升建筑品质与功能

设计创新是提升建筑品质与功能的关键所在。设计师通过引入新的设计理念、材料和技术，创造出具有独特魅力和实用性的建筑作品。他们关注建筑的空间布局、功能划分和细部处理，注重人的使用体验和感受，创造出舒适、美观、实用的建筑环境。同时，设计师还关注建筑的可持续性和未来发展，通过合理的规划和设计，确保建筑在长期使用过程中能够保持良好的性能和品质。

（四）促进跨学科合作与交流

设计创新促进了跨学科合作与交流，为建筑设计与工程应用的融合发展提供了有力支持。在设计创新的过程中，设计师需要与其他领域的专家进行紧密合作，共同解决设计过程中遇到的技术难题和实际问题。这种跨学科的合作与交流不仅有助于推动设计创新的深入发展，还能够促进不同领域之间的知识共享和技术转移，推动整个建筑行业的创新和发展。

设计创新对工程的引导作用不可忽视。通过引领工程技术的革新、优化工程实施流程、提升建筑品质与功能以及促进跨学科合作与交流等方面的努力，设计创新为建筑设计与工程应用的融合发展提供了强大的动力和支持。在未来的发展中，我们应该继续加强设计创新的研究和实践，推动建筑行业向着更加绿色、智能、可持续的方向发展。

二、新材料与技术的应用

（一）增强设计与施工的灵活性

新材料与技术的应用显著增强了建筑设计与施工的灵活性。随着科技的进步，越来越多的新型材料涌现出来，如高性能混凝土、轻质复合材料、智能材料等。这些材料具有优异的力学性能和耐久性，能够满足各种复杂的设计需求。同时，新型施工技术如预制装配式建筑技术、3D 打印技术等也为施工提供了更多可能性。设计师可以更加自由地发挥创意，不再受传统施工方式的限制，而工程师也能够根据设计需求灵活选择施工方法，提高施工效率和质量。

（二）提升建筑性能与品质

新材料与技术的应用对提升建筑性能与品质具有显著作用。新型材料往往具有更好的保温、隔热、防水、防火等性能，能够有效提高建筑的舒适性和安全性。例如，相变材料能够根据环境温度调节室内温度，减少能源消耗；自修复混凝土能够在出现裂缝时自动修复，延长建筑使用寿命。同时，新型技术的应用也能够提升建筑的整体品质。比如，智能化系统的应用可以实现建筑的智能控制和管理，提高建筑的智能化水平；绿色建筑技术的应用则能够降低建筑对环境的影响，实现可持续发展。

（三）推动绿色与可持续发展

新材料与技术的应用是推动建筑可持续发展的关键力量。随着人们环保意识的提高，绿色建筑和可持续发展已成为建筑行业的重要发展方向。新型环保材料如再生塑料、生物基材料等的应用能够减少对传统资源的依赖，降低建筑行业的碳排放；绿色施工技术如绿色施工管理体系、节能施工设备等的应用则能够减少施工过程中的能源消耗和环境污染。同时，新材料与技术的应用还能够促进建筑废弃物的回收和利用，实现资源的循环利用。这些努力不仅有助于降低建筑行业的环境影响，还能够为社会的可持续发展作出贡献。

新材料与技术的应用在建筑设计与工程应用的融合发展中发挥了重要作用。它们不仅增强了设计与施工的灵活性，提升了建筑性能与品质，还推动了绿色与可持续发展。未来，随着科技的不断进步和人们对美好生活追求的不断提升，新材料与技术的应用将继续在建筑行业中发挥更加重要的作用，推动建筑行业向着更加高效、环保、可持续的方向发展。

三、节能与环保技术的创新

（一）高效节能材料的应用

高效节能材料是节能技术创新的关键所在。这些材料通常具有优异的保温、隔热性能，能够显著降低建筑的能耗。在建筑设计中，通过合理选择和使用高效节能材料，如低导热系数的保温材料、自调节室内温度的相变材料等，能够大幅提高建筑的能效水平。同时，在工程应用中，这些材料的应用也推动了施工技术的进步，如在预制装配式建筑技术中，高效节能材料的应用使得建筑构件的保温性能得到显著提升。

（二）可再生能源的利用

可再生能源的利用是环保技术创新的重要方向。太阳能、风能等可再生能源具有清洁、可再生的特点，是建筑行业减少碳排放、实现绿色发展的有效途径。在建筑设计中，设计师可以通过合理的建筑布局和窗体设计，最大化地利用太阳能；在工程应用中，利用风能发电、太阳能热水等技术，可以为建筑提供清洁的能源供应。这些技术的应用不仅降低了建筑的能耗，也减少了对传统能源的依赖，有利于实现能源的可持续发展。

（三）绿色施工技术的推广

绿色施工技术的推广是节能与环保技术创新在建筑设计与工程应用融合中的具体体现。绿色施工技术注重施工过程的节能、减排和环保，通过采用节能设备、优化施工工艺、减少施工废弃物等手段，降低施工过程中的能耗和排放。同时，绿色施工技术还强调施工废弃物的回收和利用，实现资源的循环利用。这些技术的应用不仅提高了施工效率和质量，也降低了施工对环境的影响。

（四）智能化节能系统的研发

智能化节能系统的研发是节能技术创新的重要趋势。在建筑设计中，设计师可以充分考虑智能化节能系统的需求，为系统预留接口和空间；在工程应用中，智能化节能系统能够实时监测建筑的能耗情况，并根据实际需求调整设备的运行状态，实现节能目标。此外，通过大数据分析等技术手段，还可以对建筑的能耗进行预测和优化，进一步提高节能效果。

（五）环保设计理念的创新

环保设计理念的创新是节能与环保技术创新在建筑设计中的体现。环保设计理念强调建筑与环境的和谐共生，注重减少对环境的负面影响。在设计中，设计师可以通过引入生态元素、优化建筑布局和景观设计等手段，提高建筑的环保性能。同时，设计师还可以结合地域特色和文化传统，创造出具有独特魅力的绿色建筑作品。这些创新性的设计不仅提升了建筑的品质和价值，也推动了建筑行业向更加环保、可持续的方向发展。

节能与环保技术的创新在建筑设计与工程应用的融合发展中具有举足轻重的地位。通过高效节能材料的应用、可再生能源的利用、绿色施工技术的推广、智能化节能系统的研发以及环保设计理念的创新等手段，推动建筑行业向着更加绿色、环保、可持续的方向发展。

四、智能化与自动化的应用

（一）提升设计与施工效率

智能化与自动化技术的应用显著提升了建筑设计与施工的效率。在设计阶段，借助先进的智能化设计软件，设计师能够更快速、更准确地完成方案设计和优化。这些软件具备强大的计算和分析能力，能够模拟建筑在不同条件下的性能表现，为设计师提供科学、可靠的决策依据。在施工阶段，自动化技术的应用使得施工过程更加高效、精准。例如，自动化施工机械能够按照预设的程序进行精确操作，减少人为误差，提高施工质量和效率。

（二）优化建筑管理与运营

智能化与自动化技术为建筑的管理与运营带来了革命性的变化。通过引入智能化管理系统，建筑能够实现对各项设施设备的实时监控和智能控制。这些系统能够收集并分析建筑内部的各项数据，为管理者提供决策支持，优化能源使用、提高安全性、改善居住体验。同时，自动化技术还能够实现建筑内部环境的自动调节，如温度、湿度、光照等，创造更加舒适、健康的室内环境。

（三）增强建筑安全性与可靠性

智能化与自动化技术的应用也极大地增强了建筑的安全性与可靠性。通过安装智能化安防系统，建筑能够实现全天候、全方位的监控和报警功能，有效预防和应对各种安全风险。同时，自动化技术还能够实现对建筑结构的实时监测和预警，及时发现并处理潜在的安全隐患。这些技术的应用不仅提高了建筑的安全性，也为居住者提供了更加安心、放心的生活环境。

（四）推动建筑行业创新发展

智能化与自动化技术的应用是推动建筑行业创新发展的重要动力。随着技术的不断进步和应用范围的扩大，建筑行业将不断涌现出新的设计理念、施工方法和管理模式。这些创新将推动建筑行业向着更加高效、环保、可持续的方向发展。同时，智能化与自动化技术的应用也将催生新的产业链和商业模式，为建筑行业的未来发展注入新的活力。

智能化与自动化技术在建筑设计与工程应用的融合发展中发挥着重要作用。它们不仅提升了设计与施工的效率，优化了建筑管理与运营，增强了建筑的安全性与可靠性，还推动了建筑行业的创新发展。未来，随着技术的不断进步和应用领域的拓展，智能化与自动化技术将在建筑行业发挥更加重要的作用，推动建筑行业实现更加高效、智能、可持续的发展。

五、设计创新对工程造价的影响

（一）优化设计方案降低造价成本

设计创新通过优化设计方案，能够在源头上降低工程造价成本。设计师通过引入新的设计理念和方法，对建筑结构、材料、设备等进行科学合理的选择和配置，减少不必要的浪费和冗余。同时，创新的设计方案往往能够提高建筑的空间利用率和功能性，使得工程在满足使用需求的同时，达到更高的经济效益。

（二）运用新材料与技术降低材料成本

设计创新促进了新材料与新技术的应用，为降低材料成本提供了可能。随着科技的进步，越来越多的新型材料和技术涌现出来，这些材料和技术往往具有更好的性能和更低的成本。

设计师在设计过程中应充分考虑材料的性能和价格因素，选择性价比高的材料和技术，从而有效降低材料成本。

（三）提高施工效率，降低人工成本

设计创新通过提高施工效率，有助于减少人工成本。设计师在设计过程中应充分考虑施工因素，优化施工流程和方法，减少施工难度和复杂度。同时，设计创新还可以促进施工技术的革新和进步，使得施工更加高效、精准。这些措施不仅能够缩短工期，还能够减少人工成本，降低工程造价。

（四）提升建筑品质与价值增加投资回报

设计创新通过提升建筑品质与价值，有助于增加投资回报。设计师通过创新的设计理念和方法，打造出具有独特魅力和实用性的建筑作品。这些作品不仅能够满足人们的审美需求和使用需求，还能够提升建筑的市场价值和竞争力。因此，虽然设计创新可能在短期内增加一定的设计成本，但从长远来看，它能够提升建筑的整体价值，为投资者带来更高的回报。

（五）促进可持续发展降低长期维护成本

设计创新还注重建筑的可持续发展，有助于降低长期维护成本。设计师在设计过程中充分考虑建筑的环境影响和生命周

期成本，选择环保、节能的设计理念和材料，减少建筑对环境的影响。同时，设计创新还可以提高建筑的耐久性和可靠性，减少后期维修和更换的频率和成本。这些措施不仅能够降低维护成本，还能够为建筑行业的可持续发展作出贡献。

设计创新对工程造价的影响是多方面的。通过优化设计方案、采用新材料与技术、提高施工效率、提升建筑品质与价值以及促进可持续发展等措施，设计创新在保证建筑质量和功能的同时，能够有效降低工程造价成本，提高经济效益和投资回报。因此，在建筑设计与工程应用的融合发展中，应充分重视设计创新的作用和价值，积极推动设计创新的发展和应用。

第三节　工程约束下的设计优化策略

一、工程结构约束与设计优化

（一）工程结构约束对建筑设计的影响

工程结构约束是建筑设计必须遵循的基本原则。建筑作为一种实体存在，其结构安全性、稳定性和耐久性是首要考虑的因素。工程结构约束规定了建筑设计的材料和构件尺寸、结构形式、荷载承受能力等方面的限制，确保了建筑在设计阶段就能够满足基本的工程要求。这些约束条件为设计师提供了一个明确的框架，使得设计能够在满足安全性的前提下进行创新和发挥。

在实际应用中，工程结构约束对建筑设计的影响体现在多个方面。例如，在高层建筑的设计中，结构约束要求考虑风荷载、地震力等自然因素的影响，从而确定合理的结构形式和材料选择。此外，不同地区的气候条件、地质条件等也会对结构设计产生影响，要求设计师在设计中充分考虑这些因素，确保建筑的稳定性和安全性。

（二）设计优化在提升工程效能中的作用

设计优化是在满足工程结构约束的前提下，通过科学的方法和手段对建筑设计方案进行改进和提升。设计优化的目标是在保证安全性的基础上，实现建筑的经济性、美观性和功能性等多方面的提升。

在实际工程中，设计优化可以应用于多个方面。例如，在结构设计中，可以通过优化结构布局、减少材料用量、提高结构效率等方式来降低工程造价；在建筑布局和空间设计中，可以通过优化空间利用、提高室内环境质量等方式来提升建筑的实用性和舒适性。此外，随着计算机技术和数值分析方法的不断发展，越来越多的先进算法和技术被应用于设计优化中，使得优化过程更加高效、精准。

（三）工程结构约束与设计优化的融合发展

工程结构约束与设计优化并不是孤立的两个过程，而是相互融合、相互影响的。在建筑设计与工程应用的融合发展中，二者需要紧密结合，共同推动建筑行业的进步。

一方面，工程结构约束为设计优化提供了基础和依据。只有在充分了解结构约束的基础上，设计师才能够有针对性地进行优化工作，确保优化方案的有效性和可行性。另一方面，设计优化又可以反过来促进工程结构约束的完善和发展。通过不断优化设计方案，可以发现结构约束中存在的问题和不足，进而推动结构设计和施工技术的改进和创新。

工程结构约束与设计优化在建筑设计与工程应用的融合发展中具有举足轻重的地位。二者相互依存、相互促进，共同推动着建筑行业的创新和发展。在未来的建筑设计中，我们需要更加注重工程结构约束与设计优化的融合应用，以创造出更加安全、经济、美观和实用的建筑作品。

二、施工条件与工艺约束

（一）地理条件对施工设计的限制

地理条件是施工设计过程中不可忽视的重要因素。不同地区的地形地貌、地质结构等都会对施工方案的选择和施工方法的应用产生限制。例如，山区建筑需要考虑地形起伏、岩石分布等因素，平原地区则需要关注地下水位、土壤承载力等问题。设计师在进行建筑设计时，必须充分了解和考虑地理条件的特点，确保设计方案与施工条件相匹配，避免因地理条件限制而导致的施工难度增加和成本上升。

（二）气候因素对施工进度的影响

气候因素是影响施工进度的重要因素之一。不同气候条件下的温度、湿度、风力等因素都会对建筑材料的选择、施工方法的应用以及施工进度产生影响。例如，高温天气可能导致混凝土过快干燥开裂，低温天气则可能影响材料的强度和施工效率。因此，设计师在进行建筑设计时，需要充分考虑气候因素对施工的影响，选择合适的建筑材料和施工技术，确保施工质量和进度。

（三）资源条件对施工成本的影响

资源条件是影响施工成本的关键因素。施工所需的原材料、能源、水资源等在不同地区的供应情况和价格差异较大，这直接决定了施工成本的高低。设计师在进行建筑设计时，应充分考虑当地的资源条件，选择经济合理的材料和技术，降低施工成本。同时，也需要关注资源的可持续性，推动绿色建筑和可持续发展。

（四）工艺约束对设计实现的影响

工艺约束是指施工技术和方法对施工设计的限制。不同的施工技术和方法具有不同的特点和适用范围，设计师在进行建筑设计时需要充分了解并考虑这些约束条件。例如，某些复杂的建筑结构可能需要采用特殊的施工技术和设备进行施工，这将对设计方案的可实现性产生影响。因此，设计师需要在满足设计要求的前提下，尽可能选择成熟、可靠的施工技术和方法，确保设计的顺利实现。

（五）施工条件与工艺约束的协调与优化

在建筑设计与工程应用的融合发展过程中，施工条件与工艺约束的协调与优化至关重要。设计师需要充分了解施工条件和工艺约束的限制，通过合理的设计和优化，实现设计与施工的协调统一。这不仅可以降低施工难度和成本，提高施工效率和质量，还可以推动建筑设计和施工技术的创新发展。

施工条件与工艺约束在建筑设计与工程应用的融合发展中具有不可忽视的作用。设计师需要充分考虑这些因素的影响，通过科学合理的设计和优化，实现建筑设计与工程应用的协调发展。同时，也需要关注新技术、新工艺的发展和应用，推动建筑行业的创新与进步。

三、预算与成本约束

（一）预算限制对设计方案的影响

预算是建筑设计的重要约束条件之一。设计师在构思建筑方案时，必须根据项目的预算范围进行合理规划。预算的限制会直接影响到建筑规模、材料选择、装饰标准等多个方面。设计师需要在满足功能需求和美观性的前提下，尽可能地降低设计成本，提高设计方案的性价比。这要求设计师具备敏锐的市场洞察力和成本控制能力，能够灵活调整设计方案以适应不同的预算要求。

（二）成本控制在施工过程中的重要性

成本控制是工程应用过程中的关键环节。在施工过程中，材料采购、人工费用、机械设备租赁等都会产生大量的成本支出。有效的成本控制能够确保项目在预算范围内顺利推进，避免因成本超支导致的项目停滞或亏损。为了实现成本控制目标，施工单位需要制定合理的施工方案和进度计划，优化资源配置，提高施工效率。同时，还需要加强现场管理，减少浪费和损失，确保施工成本的合理控制。

（三）预算与成本约束下的设计优化策略

面对预算与成本约束，设计师和施工单位需要采取一系列优化策略来降低设计成本和施工成本。例如，设计师可以通过优化建筑布局、减少不必要的装饰元素、选用性价比较高的建筑材料等方式来降低设计成本。施工单位则可以通过改进施工工艺、提高施工效率、降低材料损耗等方式来降低施工成本。此外，还可以采用模块化设计、预制装配等先进技术来缩短工期、减少现场作业量，进一步降低成本。

（四）预算与成本约束和建筑品质之间的平衡

在追求预算与成本约束的同时，我们不能忽视建筑品质的重要性。建筑品质是项目成功的关键因素之一，关系到建筑的安全性、耐久性和使用舒适度。因此，在预算与成本约束下，我们需要寻求建筑品质与成本之间的平衡。这要求设计师和施工单位在降低成本的同时，不能牺牲建筑的基本性能和品质要求。通过科学合理的设计和施工管理，我们可以在保证建筑品质的前提下实现成本控制目标。

预算与成本约束在建筑设计和工程应用的融合发展中具有举足轻重的作用。设计师和施工单位需要充分考虑预算和成本的限制，通过优化设计方案和施工管理策略来降低成本、提高效益。同时，还需要注重建筑品质与成本之间的平衡，确保项目的成功实施和可持续发展。

四、功能需求与使用效率

（一）功能需求对建筑设计的影响

功能需求是建筑设计的核心，它决定了建筑的空间布局、结构形式以及使用功能。在建筑设计中，设计师需要深入了解用户的需求，包括居住、办公、娱乐等各方面的功能要求。只有充分满足功能需求，建筑才能发挥其应有的价值。因此，设计师在进行建筑设计时，必须充分考虑功能需求，确保设计方案能够满足用户的实际需求。

（二）使用效率对建筑设计的要求

使用效率是衡量建筑设计优劣的重要标准之一。一个优秀的建筑设计师应该能够最大限度地提高建筑的使用效率，减少空间的浪费。这要求设计师在设计中充分考虑空间的合理利用以及人流、物流的顺畅。例如，在住宅设计中，设计师可以通过合理的空间划分和布局，提高居住空间的舒适度和实用性；

在商业建筑设计中，设计师则需要考虑人流的引导和疏散，确保商业活动的顺利进行。

（三）工程应用对功能需求与使用效率的实现

工程应用是实现建筑设计与功能需求和使用效率的关键环节。在施工过程中，施工单位需要严格按照设计方案进行施工，确保建筑的质量和功能的实现。同时，施工单位还需要根据实际情况对设计方案进行调整和优化，以更好地满足功能需求和提高使用效率。例如，在施工过程中，施工单位可以通过优化施工工艺和材料选择，降低施工成本并提高建筑性能；在设备安装和调试阶段，施工单位则需要确保设备的高效运行和稳定性能，以满足使用需求。

（四）功能需求与使用效率在建筑设计中的创新实践

随着社会的发展和科技的进步，人们对建筑的功能需求和使用效率提出了更高的要求。为了满足这些需求，建筑设计师需要在设计中不断创新实践。例如，通过引入智能化技术，实现建筑的自动化控制和智能化管理，提高建筑的使用效率和便捷性；通过采用绿色建筑材料和技术，降低建筑的能耗和环境污染，提高建筑的可持续性。这些创新实践不仅有助于满足用户的功能需求和提高使用效率，还能够推动建筑行业的创新和发展。

功能需求与使用效率在建筑设计与工程应用的融合发展中具有举足轻重的地位。设计师需要在设计中充分考虑功能需求和使用效率的要求，通过创新实践不断提高建筑设计的水平和质量。同时，施工单位也需要严格按照设计方案进行施工，确保建筑的功能和使用效率的实现。只有这样，才能真正实现建筑设计与工程应用的融合发展，推动建筑行业的持续进步和发展。

五、法规与政策约束

（一）法规约束对建筑设计的影响

法规约束是建筑设计过程中必须遵守的基本规范。建筑设计需要符合国家和地方的相关法律法规，包括但不限于城乡规划法、建筑法、消防法等。这些法规对建筑的布局、结构、材料、安全等方面都有明确规定，设计师在构思和规划建筑方案时必须严格遵守。

法规约束的存在，一方面确保了建筑设计的合法性和安全性，避免了因违反法规而导致的法律风险；另一方面，也促进了建筑设计的规范化和标准化，提高了建筑的整体品质。设计师在遵守法规的同时，还需要注重创新，寻求在法规框架内的设计突破，以满足不断变化的市场需求和审美观念。

（二）政策导向对建筑设计的影响

政策导向是建筑设计发展的重要推动力。国家和地方政府通过制定相关政策，引导建筑设计的发展方向和重点。例如，节能减排政策推动了绿色建筑和可再生能源建筑的发展；城市更新政策则促进了老旧小区改造和历史文化保护区的建设。

政策导向对建筑设计的影响主要体现在设计理念、技术应用和材料选择等方面。设计师需要密切关注政策动态，了解政策导向，将其融入设计中，以符合政策要求并实现设计的社会价值。同时，政策导向也为设计师提供了广阔的创新空间，鼓励他们在满足政策要求的基础上，发挥创造力，推动建筑设计的创新与发展。

（三）法规与政策约束下的工程应用策略

面对法规与政策约束，工程应用需要采取相应的策略以确保项目的顺利进行。首先，施工单位需要深入了解并遵守相关法律法规和政策要求，确保施工过程的合法性和合规性。其次，施工单位需要加强与设计师的沟通协作，理解设计意图并遵循设计方案进行施工。在施工过程中，如遇到法规与政策方面的疑问或挑战，施工单位应及时向相关部门咨询并寻求解决方案。

此外，工程应用还需要注重技术创新和绿色施工。通过引入新技术、新工艺和新材料，提高施工效率和质量，降低施工成本。同时，注重环保和可持续发展，减少施工对环境的影响，实现绿色施工。

法规与政策约束在建筑设计与工程应用的融合发展中发挥着重要作用。设计师和施工单位需要充分了解相关法律法规和政策要求，将其融入设计和施工中，以确保项目的合法性和合规性。同时，注重创新和技术应用，推动建筑设计与工程应用的融合发展，为城市建设和社会发展作出积极贡献。

第四节 未来建筑设计与工程应用的发展展望

一、数字化与智能化的趋势

（一）数字化设计工具的应用

数字化设计工具的出现，极大地提高了建筑设计的效率和精度。传统的手绘图纸逐渐被三维建模、BIM（建筑信息模型）等数字化工具取代，使得设计师能够更直观地呈现设计思路，更精确地模拟建筑效果。同时，这些工具还能够实现多专业协同设计，提高设计过程中的沟通效率，减少误差。

（二）智能化施工技术的应用

智能化施工技术为工程应用带来了革命性的变革。通过引入机器人、无人机等智能设备，施工过程中的自动化、精准化水平得到了显著提升。这不仅提高了施工效率，降低了人工成本，还能够在一定程度上保障施工安全。此外，智能化施工技术还能够对施工现场进行实时监控，为项目管理提供有力支持。

（三）数字化管理平台的建设

数字化管理平台是建筑设计与工程应用融合发展的重要支撑。通过建设集成化的项目管理平台，实现对设计、施工、运营等全过程的数字化管理。这不仅能够提高管理效率，降低管理成本，还能够实现对项目风险的实时预警和监控。同时，数字化管理平台还能够促进各方之间的信息共享和协同工作，提高整体工作效率。

（四）大数据与人工智能的应用

大数据和人工智能技术的应用为建筑设计与工程应用提供了更为广阔的创新空间。通过对大量数据的收集和分析，可以更加精准地把握市场需求和用户偏好，为设计提供有力支持。同时，人工智能技术还可以应用于建筑能耗预测、结构安全评估等方面，提高建筑的智能化水平。

（五）绿色建筑与可持续发展

数字化与智能化的趋势也推动了绿色建筑与可持续发展理念的普及和实践。通过应用先进的数字化技术和智能化系统，可以实现建筑能耗的降低、资源的有效利用以及环境的友好性。例如，利用 BIM 技术进行绿色建筑设计和评估，可以优化建筑的能源利用和环境性能；通过智能化系统对建筑能耗进行实时监测和调控，可以实现能源的高效利用。

数字化与智能化的趋势正在深刻改变着建筑设计与工程应用的融合发展。随着科技的不断进步和创新，未来的建筑行业将呈现出更加高效、精准、智能的发展态势，为人类创造更加美好的居住和工作环境。

二、绿色建筑与可持续发展

（一）绿色建筑设计理念的推广

绿色建筑设计理念强调建筑与自然的和谐共生，注重节能、环保和可持续发展。设计师在构思建筑方案时，需要充分考虑建筑的环境影响和资源消耗，采用环保材料和节能技术，降低建筑对环境的负面影响。同时，设计师还需要注重建筑的舒适性和健康性，通过优化建筑布局、引入自然通风和采光等方式，提高建筑的居住品质。

（二）可持续建筑材料与技术的应用

可持续建筑材料和技术是实现绿色建筑与可持续发展的重要支撑。在建筑设计和工程应用中，应优先选用可再生、可循环使用的材料，减少对环境的影响。同时，采用高效节能技术，如太阳能、地源热泵等，降低建筑能耗，提高能源利用效率。此外，雨水收集、废水回收等水资源利用技术也是绿色建筑的重要组成部分，有助于实现水资源的合理利用和节约。

（三）工程应用中的绿色施工与管理

绿色施工与管理是实现绿色建筑与可持续发展的关键环节。在施工过程中，应严格遵守环保法规，减少噪声、扬尘等污染物的排放。采用绿色施工技术，如预制装配、模块化施工等，降低施工能耗和材料消耗。同时，加强施工现场管理，确保施工安全和文明施工。在项目管理中，应建立绿色评价体系，对建筑项目的环保性能进行量化评估，为持续改进提供依据。

（四）绿色建筑与可持续发展的长远效益

绿色建筑与可持续发展的实施不仅具有显著的环保效益，还能够带来长远的社会和经济效益。环保效益主要体现在减少能源消耗、降低碳排放、改善环境质量等方面；社会效益则体现在提高居民生活品质、促进社区和谐、推动城市建设等方面；经济效益则体现在降低建筑成本、提高建筑价值、增加投资收益等方面。这些长远效益使得绿色建筑与可持续发展成为建筑设计与工程应用融合发展的必然趋势。

绿色建筑与可持续发展在建筑设计与工程应用融合发展中发挥着至关重要的作用。通过推广绿色建筑设计理念、应用可持续建筑材料与技术、实施绿色施工与管理以及实现长远效益，我们可以推动建筑行业向更加环保、高效、可持续的方向发展，为人类创造更加美好的生活环境。

三、个性化与定制化的需求

（一）个性化设计理念的兴起

个性化设计理念的兴起是满足个性化与定制化需求的首要表现。传统的建筑设计往往注重标准化和统一性，而现代建筑设计则更加注重个性化和差异化。设计师在构思建筑方案时，需要充分考虑用户的个人喜好、文化背景和生活习惯等因素，将个性化元素融入设计中，使建筑具有独特的风格和特色。例如，在住宅设计中，可以根据用户的喜好和需求，定制个性化的空间布局、装修风格和家居配置；在商业建筑设计中，可以根据商家的品牌形象和市场需求，打造独具特色的商业空间和氛围。

（二）定制化工程技术的应用

定制化工程技术的应用是实现个性化与定制化需求的关键环节。随着科技的进步和工程技术的不断创新，定制化工程技术的应用范围越来越广。在建筑施工过程中，可以根据用户的个性化需求，采用定制化的施工工艺和材料，实现个性化的建筑效果。例如，通过定制化的模板和构件，可以实现复杂的建筑造型和细部设计；通过定制化的建筑材料和装饰材料，可以实现个性化的色彩搭配和质感表现。此外，定制化工程技术还可以应用于建筑智能化和绿色化方面，通过个性化的智能系统和绿色技术，满足用户对舒适性和环保性的需求。

（三）个性化与定制化需求的融合创新

个性化与定制化需求的融合创新是推动建筑设计与工程应用融合发展的重要动力。在满足个性化与定制化需求的过程中，建筑设计和工程应用需要不断创新，探索新的设计理念和技术手段。设计师和工程师需要紧密合作，共同研究用户的需求和市场趋势，将个性化与定制化的理念融入设计和施工中。同时，还需要注重技术创新和研发，开发新的建筑材料、工艺和设备，为个性化与定制化的实现提供有力支持。通过融合创新，可以推动建筑设计与工程应用向更高水平发展，满足用户日益增长的个性化与定制化需求。

个性化与定制化的需求在建筑设计与工程应用融合发展中具有重要意义。通过个性化设计理念的兴起、定制化工程技术的应用以及个性化与定制化需求的融合创新，我们可以实现更加符合用户需求的建筑设计和工程应用，为人们创造更加舒适、美观和环保的生活和工作环境。

四、跨学科融合与协同创新

（一）跨学科团队的组建与合作

跨学科团队的组建与合作是实现跨学科融合与协同创新的基础。建筑设计与工程应用涉及多个学科领域，包括建筑学、结构工程、环境工程、材料科学等。为了应对复杂的设计和施工问题，需要组建由不同学科背景的专家组成的跨学科团队。这些团队成员各自擅长不同的领域，通过共享知识、经验和资源，共同研究解决问题，推动项目的发展。通过跨学科团队的紧密合作，可以充分发挥各自的专业优势，实现知识的互补和技术的融合。

（二）多学科知识的整合与应用

多学科知识的整合与应用是跨学科融合与协同创新的核心。建筑设计与工程应用需要综合运用建筑学、结构力学、材料科学、环境科学等多学科知识。通过整合这些知识，可以更加全面地考虑建筑的功能、美观、结构安全、环境友好性等方面，提高设计的综合性能。同时，多学科知识的应用还可以推动技术创新和研发，为建筑设计与工程应用提供新的思路和方法。例如，在建筑节能设计方面，可以结合材料科学和环境科学的知识，研发出更加高效节能的建筑材料和节能技术。

（三）创新方法与技术的研发

创新方法与技术的研发是跨学科融合与协同创新的重要体现。随着科技的进步，新的设计理念和施工方法不断涌现，为建筑设计与工程应用提供了更多的可能性。跨学科团队可以结合各自的专业知识，共同研发新的设计方法和施工技术，推动建筑行业的创新和发展。例如，在数字化设计方面，可以结合计算机科学和建筑学的知识，研发出更加高效精准的数字化设计工具；在智能施工方面，可以结合机器人技术和自动化技术的知识，研发出更加智能高效的施工设备和方法。

（四）跨界合作与交流平台的搭建

跨界合作与交流平台的搭建是跨学科融合与协同创新的重要保障。通过搭建跨界合作与交流平台，可以促进不同学科领域之间的交流和合作，推动知识的共享和技术的传播。这些平台包括学术会议、研讨会、工作坊等形式，为跨学科团队提供交流和学习的机会。同时，还可以通过建立产学研合作机制，将研究成果转化为实际应用，推动建筑设计与工程应用的创新和发展。

跨学科融合与协同创新在建筑设计与工程应用融合发展中发挥着至关重要的作用。通过组建跨学科团队，整合多学科知识，研发创新方法与技术以及搭建跨界合作与交流平台，我们可以推动建筑设计与工程应用向更高水平发展，为建筑行业的持续创新和发展注入新的动力。

五、全球化与地域特色的结合

（一）全球化设计理念与地域文化的融合

全球化设计理念强调创新、开放与包容，注重与国际接轨，吸收全球先进的建筑理念和技术。然而，全球化并不意味着同质化，地域文化作为建筑设计的重要元素，应当被充分尊重和传承。在全球化设计理念下，设计师需要深入了解地域文化的内涵和特点，将其融入建筑设计中，形成具有地域特色的建筑风格。例如，在传统建筑元素的运用上，可以借鉴当地的建筑风格、色彩和材料，与现代设计手法相结合，创造出既具现代感又富有地域特色的建筑作品。

（二）全球化工程技术与地域环境的适应

全球化工程技术的应用为建筑设计与工程应用提供了更广阔的空间和可能性。然而，不同地域的环境条件、气候特点和资源状况存在显著差异，因此，在运用全球化工程技术时，需要充分考虑地域的适应性。设计师和工程师需要深入研究地域环境的特点，选择适合的工程技术和材料，确保建筑在满足功能需求的同时，也能够与地域环境和谐共生。例如，在节能技术的应用上，可以根据当地的气候条件和资源状况，选择适合的节能技术和材料，提高建筑的能效水平。

（三）全球化市场趋势与地域需求的对接

全球化市场趋势影响着建筑设计与工程应用的发展方向。然而，不同地域的市场需求和用户习惯存在差异，因此，在对接全球化市场趋势时，需要充分考虑地域需求。设计师和工程师需要关注地域市场和用户需求的变化，及时调整设计策略和技术方案，以满足地域市场的实际需求。同时，还可以通过与地域企业和机构的合作，共同推动建筑设计与工程应用的发展，实现资源共享和互利共赢。

全球化与地域特色的结合在建筑设计与工程应用融合发展中具有重要意义。通过全球化设计理念与地域文化的融合、全球化工程技术与地域环境的适应以及全球化市场趋势与地域需求的对接，我们可以实现建筑设计与工程应用的创新发展，为不同地域的人们创造出既具现代感又富有地域特色的优质建筑作品。同时，这也将推动建筑行业在全球化的背景下保持多元性和独特性，为人类社会的可持续发展贡献力量。

参考文献

[1] 何淅淅 . 高层建筑结构设计 [M]. 北京：机械工业出版社，2023.

[2] 马欣 . 深入拓展：结合技术的建筑设计实践教学 [M]. 北京：中国建筑工业出版社， 2023.

[3] 王海涛，万依依 . 建筑模型设计与制作 [M]. 武汉：武汉大学出版社， 2023.

[4] 李青 . 现代住区规划及住宅建筑设计与应用研究 [M]. 北京：北京工业大学出版社， 2023.

[5] 白国良，韩建平，王博 . 高层建筑结构设计 [M]. 武汉：武汉大学出版社， 2021.

[6] 王玉芝，王兆鹏，司景磊 . 建筑设计与施工管理研究 [M]. 哈尔滨：哈尔滨出版社， 2023.

[7] 潘国忠，张卓辉，葛兰英 . 现代建筑设计与室内设计创新研究 [M]. 沈阳：辽宁科学技术出版社， 2023.

[8] 刘科，冷嘉伟.大型公共空间建筑的低碳设计原理与方法 [M].北京：中国建筑工业出版社，2022.

[9] 滕凌.建筑构造与建筑设计基础研究 [M].长春：吉林科学技术出版社，2022.

[10] 王保安，樊超，张欢.建筑施工组织设计研究 [M].长春：吉林科学技术出版社，2022.

[11] 顾强.模块化建筑设计的本土化应用策略 [M].北京：中国建筑工业出版社，2022.

[12] 夏世群.高层建筑结构的抗震分析与设计 [M].北京：科学出版社，2022.

[13] 林宗凡.建筑结构原理与设计 [M].北京：高等教育出版社，2022.

[14] 孙成群.建筑电气关键技术设计实践 [M].北京：中国计划出版社，2021.

[15] 谭良斌，刘加平.绿色建筑设计概论 [M].北京：科学出版社，2021.

[16] 洪宝宁，刘鑫.地下建筑设计与施工 [M].北京：中国建筑工业出版社，2021.

[17] 魏旭涛.工程造价控制在建筑结构设计中的应用 [J].建筑与装饰，2022（2）：28-30.

[18] 王英政．节能建筑设计在建筑工程设计中的应用探讨[J].城市建设理论研究（电子版），2023（30）：52-54.

[19] 邸奇．新型建筑材料在建筑工程结构设计中的应用[J].建材与装饰，2024（9）.

[20] 董明磊．绿色建筑设计与施工在建筑工程中的应用[J].中国房地产业，2024（8）.

[21] 董琭．建筑工程中绿色建筑设计的应用分析[J].建材与装饰，2024（2）：52-54.

[22] 孟波．新型建筑材料在建筑工程结构设计中的应用[J].建材发展导向，2024（1）：4-6.

[23] 杨光训．建筑工程结构设计中新型建筑材料的应用要点[J].建材与装饰，2023（13）：27-29.

[24] 李潇，张一伦．BIM技术在建筑工程设计中的应用[J].中国房地产业，2024（3）：38-41.

[25] 郑耿晖．建筑工程中消防应急广播的设计和应用[J].中国建筑金属结构，2023（10）：139-141.

[26] 宋嘉蕾．建筑给排水工程设计中BIM的应用探索[J].城市建设理论研究（电子版），2023（22）：83-85.

[27] 廖能武．建筑信息模型在桥梁工程设计中的应用[J].中国高新科技，2023（12）：74-76.

[28] 王伟. 新型建筑材料在建筑工程结构设计中的应用 [J]. 中国航班，2022（8）：186-189.

[29] 靳小云. 新型储能材料在建筑工程设计中的应用 [J]. 储能科学与技术，2023（6）：2036-2037.

[30] 王伟. 新型建筑材料在建筑工程结构设计中的应用 [J]. 陶瓷，2022（4）：106-108.

[31] 李洪旭. 建筑工程中建筑照明电气节能设计的应用 [J]. 光源与照明，2022（1）：43-45.

[32] 李丁伟. 施工组织设计工作在建筑工程经济造价中的应用 [J]. 建材发展导向，2024（3）：57-59.

[33] 林华艺. 新型建筑材料在建筑工程结构设计中的应用 [J]. 商品与质量，2021（26）：116.

[34] 梁立晖. 建筑工程中概念设计与结构构造措施的应用浅析 [J]. 建筑与装饰，2022（20）：56-58.

[35] 李华斌. 建筑工程中绿色建筑设计的具体应用 [J]. 商品与质量，2021（20）：103.

[36] 王波. 探究结构优化设计在建筑工程设计中的意义和应用 [J]. 陶瓷，2023（12）：219-221.